평생 아이 걱정 없는
습관육아

무한

아이에게 물려줄
최고의 유산은
습관이다.

나는 엄마다

'어떤 엄마가 되어야 하나?'

'내 아이를 위해 무엇을 해야 하나?'

'어떻게 키우는 것이 잘 키우는 걸까?'

'내 아이는 외동인데, 외롭지 않게 살아가게 하는 힘은 무엇일까?'

'엄마'이 두 글자의 힘은 내가 감당하기에는 정말 버거웠다.

엄마가 되기 전에 육아가 어렵다는 학부모들에게 이래라저래라 알고 있는 지식으로 가르쳤던 과거가 어이없다.

"학부모님들 죄송합니다."(꾸~벅)

엄마가 되고 겸손도 늘었다.

내 아이에게 좋은 것만 주고 싶은 것이 엄마의 본능이다. 고민과 생각이 꼬리에 꼬리를 물었다.

'엄마로서 내 아이에게 주어야 하는 좋은 것은 무엇일까?'

'그중에서도 가장 좋은 것은 무엇일까?'

내가 찾은 것은 '습관'이었다. 나는 15년 이상을 유치원 교사로 근무하면서 많은 엄마들을 만났다. 지금은 부모교육을 하면서 많은 엄마들을 만나고 있다. 많은 엄마들이 아이에게 주고 싶은 최고의 선물은 '습관'이라는 것을 깨달았다. 습관은 생활의 일부가 되고, 생활의 일부는 곧 인생을 바꾼다.

엄마들의 고민, 상담 내용은 다양했지만, 내가 알려준 솔루션은 모두 '아이들의 습관'이었다. 책 읽는 습관, 말습관, 인성습관, 기본생활습관, 사랑습관 등.

엄마들은 한결같이 엄마 노릇이 너무 힘들다고 한다. '습관육아'를 하기 전까지는 나도 엄마 노릇이 힘들게 느껴졌다. 엄마 노릇이 어려운 것은 맞지만 힘들지는 않다. 엄마들이 엄마 노릇을 힘들다고 하는 것은 힘들게 하니까 힘든 것이다. 쉽게 하면 쉽다.

서점에는 정말 많은 육아서가 있다. 아이를 잘 키우고 싶은 엄마들의 마음, 가장 좋은 것만 주고 싶은 세상 엄마들의 마음을 증명한다. 직업적인 영향도 있지만, 배우는 것을 좋아하기 때문에 강의를 듣고 육아서를 많이 읽었다. 세상에 나와 있는 육아서 반은 읽은 것 같다. 좋다는 강의는 거의 들은 것 같다. 하지만 그것은 지식일 뿐이었다.

읽고 듣기만 하면 지식이 되고, 내 아이에게 맞을 법한 방법을 찾아 적용하면 지혜가 된다. 지혜를 위해서 지식은 꼭 필요하다. 육아 지식이 많을수록 내 아이에게 적용할 수 있는 것도 선명해진다. 옆집 엄마의 수다보다 전문가들이 쓴 책을 읽고, 강의를 들어라.

곳간에 있는 곡식이 많을수록 꺼내 먹을 수 있는 것이 많은 것처럼 많이 읽고 많이 들을수록 유익하다. 그 곡식을 어떻게 요리해 먹는가는 가정의 문화마다 곡식 주인의 기호마다 다르다. 부모도 다르고 가족의 문화도 다르고 모든 환경이 다르다. 세상에 많은 좋은 정보들이 내 아이에게도 반드시 좋은 정보일 수는 없다. 아이는 책 속에서 나온 것도 강의 속에서 나온 것도 아닌 내 배 속에서 나온 내 아이다. 내 아이에게 맞게 적용할 수 있는 엄마가 되자.

이 책에서 들려주는 습관육아도 양육의 정답이 아니다. 엄마들에게 정답을 줄 수는 없지만 엄마 노릇이 어려운 대한민국의 엄마들에게, 아이를 잘 키우고 싶은 엄마들에게 해변에 모래알만큼이라도 도움이 되기를 바라는 마음이다.

특정한 종교는 없지만 하느님, 삼신할머니는 나에게 자식 한 명만 주셨다. 내가 가진 능력을 내 아이 키우는 데만 쓰지 말고, 세상의 아이들을 키우는데 나누어 쓰라는 인생의 소명으로 알고 오늘도 난 글을 쓰고 강의를 한다.
　쉽게 엄마 노릇을 할 수 있는 방법이자,
　내 아이에게 주는 최고의 선물인 습관육아를 널리 알리기 위해.

－ 김지영

목 차

제 1 장

엄마로
여자에서

엄마가 되기 전에 엄마를 논하지 마라. '엄마'라는 두 글자는 위대하고 위대하다. 모든 엄마는 자식이 잘되기를 바란다. 잘된 자식들의 이야기에는 꼭 엄마가 등장한다. 아이를 키우는 것은 부모가 같이 해야 하는 일인데, 왜 엄마만 강조하느냐고 반감을 가지고 있는 엄마들에게는 "당신이 자식 잘되게 하는 주인공이기 때문"이라는 말을 해주고 싶다. '부'와 '모' 중에 '모'가 먼저 변해야 '부'가 따라 변한다. 부모가 변해야 아이도 변하는 것이 양육법칙이다. 엄마는 갓 태어난 아이에게 생명줄이고, 어린아이에게 세상을 배우는 통로이며, 곧 성인이 될 아이의 미래에 큰 영향을 미친다.

아이의 최초 선생님은 엄마다.
아이의 최고 선생님은 엄마다.
아이의 평생 선생님은 엄마다.
아이의 최고 교과서는 엄마의 말이다.
아이에게 물려줄 최고의 유산은 엄마의 삶(습관)이다.

어디서 본 글인지 출처는 기억이 없지만, 이 글은 엄마로 살아가는 나에게 한순간도 대충 살지 말라는 채찍이 되기도 하고, 세상에서 가장 훌륭한 일을 하고 있다며 다독이는 당근이 되기도 한다.

01
엄마는 만만해야 한다

나는 평범한 엄마지 완벽한 엄마가 아니다. 서툰 엄마도 엄마고, 부족한 엄마도 엄마다. 엄마 노릇이 만만한 줄 알았는데 엄마가 되어 보니 만만한 자리가 아니었다. 하지만 엄마는 만만해야 한다.

친구의 중학교 1학년인 딸이 학교에서 돌아와 소파에 앉아 있는 엄마를 보며 이렇게 말했다고 한다.

"나도 엄마가 되고 싶어. 엄마는 이래라저래라 명령만 하고, 공부도 안 해도 되고, 소파에 앉아 편안히 쉴 수 있으니까 제일 쉬운 일이잖아."

친구는 자기 인생 다 포기하고, 자식들 위해서 뒷바라지하고 있는데 잠깐 쉬고 있는 모습만 보고 만날 놀고먹는 줄 아는 딸이 섭섭하다며 감정에 북받치는 목소리로 나에게 하소연을 했다.

엄마가 되기 전에는 나도 그랬다. 난 산골짜기에서 농부의 딸로 태어났다. 농사를 짓는 집은 맞벌이를 하는 것과 같다. 엄마는 부지런한 농부여서 아침에 일어나면 볼 수 없었다. 학교가 끝나고 와도 엄마를 볼 수가 없다. 나에게 엄마는 밭에서 호미로 흙을 파는 모습이 전부였다. 엄마가 맛있는 간식을 해준 적도, 내 머리를 곱게 빗어 준 적도, 책을 읽어준 적도, 학교에서 무엇을 배웠는지 물어본 적도 없다.

나는 친구들 집에 놀러가서 간식을 먹고 온 날은 엄마에게 심통을 부리곤 했다. 엄마를 만만하게 생각했던 자식의 마음으로 친구들 엄마는 간식도 만들어주고, 머리도 예쁘게 빗어주는데 엄마는 나한테 해준 게 뭐가 있냐고 심통을 부리면, 엄마는 화도 내지 않고 가만히 듣고 있다가 경상도의 무뚝뚝한 말투로 "그 엄마 딸 해라"라고 하셨다. 엄마는 아이의 마음을 공감하지도 않고, 특별한 양육기술을 사용하지도 않고, 참 만만하게 엄마 노릇을 하셨다.

내 아이가 자유롭게 의사표현을 하기 시작하면서 "엄마는 마음대로 하는 심술쟁이 팥쥐 엄마"라는 둥 "마술사가 되면 엄마를 사라지게 했다가 밥 줄 때만 나타나게 한다"는 둥의 말을 한다. 어렸을 적 엄마에게 했던 말을 딸에게 다시 돌려받았다. 엄마를 만만하게 생각하는 아이들의 마음은 시대가 변해도 같은가 보다.

유아기 때 만만하게 보는 말들은 귀여운데, 초등학생이 된 후에는 엄마를 우습게 여기는 것 같은 마음이 들어 움찔할 때가 있다. 중·고등학생이 된 아이에게 이런 말을 듣는다면 친구처럼 아마도 감정의 뚜껑이 열릴 것 같다.

엄마가 되고 난 후 아이의 "엄마가 나한테 해준 게 뭐가 있는데"라는 말이 억장을 무너뜨린다는 것을 알았다. 남편의 "집에서 하는 일이 뭐가 있냐?"라는 말이 욱 정도가 아니라, 엄마 일을 무시당하는 기분이 들어 자괴감이 들게 한다는 것도 알았다.

성숙한 엄마가 되면 무시당한 느낌도 억장이 무너질 일도 없다. 엄마는 만만해야 한다.

국어사전

만만하다

- 부담스럽거나 무서울 것이 없어 쉽게 다루거나 대할 만하다.

'만만한 엄마'가 좋게 보이지 않는 이유는 만만하다라는 뜻을 '쉽게 다루거나 대할 만하다'라는 의미로만 해석하기 때문이다. 말장난이 될지는 모르겠지만, 내가 만만한 엄마가 되자고 주장하는 것은 '부담스럽거나 무서울 것이 없다'는 의미다.

엄마는 '부담스러울 것도 무서울 것도 없이 언제나 내 편이 되어주는 바다'와 같은 엄마처럼 만만해야 한다. 사람들은 힘들거나 지칠 때, 새로운 일을 계획하거나 다짐할 때, 사랑을 하거나 이별을 할 때 바다를 찾아간다. 바다는 늘 같은 모습으로 출렁일 뿐인데 사람들은 바다를 보고 마음을 위로받는다. 엄마 자신도 바다처럼 편안하게 그저 출렁일 수 있는 마음이어야 아이가 바다로 와서 위로를 받고 다시 자신의 길을 갈 수 있다. 아이의 말에 일희일비하며, 고민하고 걱정하고 성난 파도처럼 일렁이면 안 된다.

파도가 심할 때 사람들은 바다에 가지도 않고, 바다에 능숙한 어부도 배를 띄우지 않는다. 바다가 사람들의 모든 것을 받아(바다)주어 바다인 것처럼, 엄마도 아이의 모든 것을 받아주어야 한다. 바다의 잔잔한 출렁임처럼 편안한 엄마가 되라고 하는 것이 내가 주장하는 만만한 엄마다. 받아주라는 것은 '무조건 다 허락하라'는 뜻이 아니다. 모든 것을 받아들여 허락하게 되면 무분별한 아이가 되어 엄마를 함부로 하게 된다. 바다처럼 받아주는 만만한 엄마가 되어주면 아이는 곧게 자란다.

엄마는 나에게 바다가 출렁이는 것처럼 만만한 엄마였다. 친구들의 대학 합격 소식과 미리 받은 입학선물 자랑에 자존심이 상해 견딜 수가 없었다. 도대체 우리 엄마는 뭐 하는 건지 자식 장래는 하나도 중요하지 않은 것처럼 오늘도 밭에 나가 일만 하신다. 땅을 파면 돈이 나오나? 나는 왜 땅만 파는 엄마 밑에서 태어났는지 심통을 부리고 있는데 흙 묻은 손으로 엄마가 봉투를 내밀었다.

"니 대학 보낼라고 준비해 놓은 등록금이다."

아빠가 하시는 일이 잘 안되어 집에 빚이 있는 상황에서 주신 등록금 봉투는 자식을 위해 매일 호미로 땅을 파는 땀방울이 되어 마음에 송글송글 맺혀 지금도 가슴을 아리게 한다.

바다가 출렁이듯 땅을 파기만 했던 엄마가 흙 묻은 손으로 내민 대학등록금 봉투에 담긴 만만한 엄마의 사랑은 가슴 구석구석 깊이깊이 쌓여 어려운 일을 만났을 때 나를 다독여주고 버티는 힘을 준다.

양육기술보다 고급정보보다 아이에게 더 필요한 것은 바다처럼 만만한 엄마의 사랑이다.

'엄마가 되기 전'에는 먹여주고 씻겨주고 보호해주는, 동물도 하는 엄마의 일을 만만하게 생각했다.

'초보 엄마가 되었을 때'는 결코 만만하지 않은 이 일을 만만하게 보는 사람들의 말과 행동에 분노했다.

'아이가 성장하듯 나도 성장해가는 지금'은 만만한 엄마가 되고 싶다.

〈엄마는 그래도 되는 줄 알았습니다〉

　　　　　　　　　　　　　－심순덕

엄마는 그래도 되는 줄 알았습니다
하루 종일 밭에서 죽어라 힘들게 일해도

엄마는 그래도 되는 줄 알았습니다
찬밥 한 덩이로 대충 부뚜막에 앉아 점심을 때워도
…(중략)

엄마는 그래도 되는 줄 알았습니다
아버지가 화내고 자식들이 속 썩여도 전혀 끄떡없는

엄마가 만만한 엄마로 살아주셨기 때문에 엄마가 된 후에 '엄마'라는 두 글자만 보아도 가슴이 뭉클해진다. 그리고 엄마는 그러면 안 된다는 것을 깨닫게 된다.

요즘 아이들에게 '엄마란?'이란 주제로 문장 만들기를 하라고 하면 뭐라고 쓸까? 예상한 대로다. 아이들이 곧게 자라는 데는 엄마의 잔소리, 교육열, 고급정보보다 가슴 뭉클한 엄마의 만만한 사랑이 거름이 된다.

02
엄마 전문가는 없다

　세상에는 자격증이 참 많다. 별별 이상한 자격증이 다 있는데 엄마 자격증은 왜 없을까? 자동차 전문가, 떡 전문가, 빵 전문가 등 세상에 존재하는 사물 하나하나에도 전문가가 있는데 말이다. 지금까지 '엄마 전문가'라고 말하는 사람을 한 번도 만나본 적이 없다. 나 빼고!

　책을 좋아하는 나는 유아교육과 관련한 전공서와 육아서를 많이 읽었고, 미술치료, 심리, 놀이, 감정코칭, 하브루타, 발달, 성향, 행동지도 등 배울 수 있는 것은 다 배웠다. 15년 넘게 읽고 배워온 방대한 지식으로 학부모가 고민스러워하는 모든 질문에 척척 정답을 제시하면서 엄마 전문가라고 착각했다.

　유치원 엄마들 사이에서 결혼도 안 한 내가 아이가 둘 있는 엄마라는 소문이 날 만큼 잘난척쟁이였다. 심지어 아이도 낳아 보지 않은 내가 둘째를 임신한 엄마들에게 태교를 이렇게 해야 한다는 등의 정답이라고 생각한 지식들을 척척 말해주었다.

유치원 교사 경력이 많아질수록 지식의 양은 늘어나고 지식의 양과 전문가라는 자만심은 정비례해 갔다. 그 자만심으로 부모도 자격증이 필요하다고 당당히 주장을 했다. 내 눈에는 부족한 엄마들 투성이었다. 내 자식만 사랑해 달라는 엄마, 내 아이를 괴롭히는 아이들을 처벌하지 않으면 경찰에 신고하겠다는 엄마, 교사들에게 반말하는 엄마, 껌 씹으면서 상담하는 엄마, 선글라스 끼고 선생님과 대화하는 엄마 등 부족한 엄마들이 해가 갈수록 늘어났다.

그래서 매년 3월이 되면 엄마 자격증은 왜 없냐며 투덜거림이 극에 달했다. 유치원의 3월은 행복한 전쟁을 치르는 달이다. 아이들과의 만남은 행복한 전쟁이지만, 엄마들과의 만남은 고통의 전쟁이다. 엄마와 떨어져 새로운 환경에 적응하는 아이들의 3월은 무섭고 불안하다. 이런 아이의 마음을 품어주어야 하는 엄마들이 오히려 아이와 분리불안으로 안절부절못하고, 아이를 보내면서 울기도 하고, 유치원 담벼락에 스파이더맨처럼 붙어서 지켜보는 등 더 불안해한다.

유치원에 입학하는 아이들은 발달 이론상으로 연령에 맞게 스스로 해야 하는 일이 있다. 연령의 발달에 맞게 스스로 하는 아이보다 못하는 아이가 더 많은 것은 엄마의 부족함이라 생각했다. 신발을 들고 가만히 서 있는 아이, 옷 벗겨 달라고 팔 벌리고 있는 아이, 친구가 스쳐 지나가기만 했는데 때렸다고 우는 아이, 대변 보고 바지 그냥 올려서 냄새를 폴폴 풍기고 다니는 아이, 밥 먹여 달라고 입 벌리고 있는 아이, 선생님만 부르는 아이들과의 전쟁을 치르면서 엄마들은 집에서 애들 이런 것도 안 가르치고 뭘 하는지 엄마들의 자격이 의심스러웠다.

이론처럼 아이가 스스로 자라고, 모든 아이들이 발달시기에 맞게 자라고, 찰흙처럼 아이들도 엄마의 손으로 만들어 낼 수 있을 줄 알았다. 아이가 배 속에 있을 때까지는 책에서 나오는 이론처럼 만들어질 수 있다고 믿었다. 엄마의 자격에 따라 아이가 자라는 등급도 달라지는 거라 생각했고, 엄마 자격증이 꼭 필요하다고 생각했다.

엄마 전문가라고 자만하던 내가 엄마가 되었다. 아이를 낳은 후부터 나는 ○○엄마가 되었다. 친정 엄마가 "지영아"라고 부르시던 이름이 "○○애미"로 바뀌었다. 낯설던 호칭에 적응할 때쯤 아이도 "~마, 음~마"라고 부른다. 아이가 부르는 "엄마"라는 소리를 처음 명확히 들었을 때 내 몸에는 전율이 왔다. 엄마라고 부르기만 했던 내가 이제 엄마가 되었다. 완벽한 엄마 전문가의 능력을 보여 줄 때가 온 것이다!

엄마가 되고 나서 알았다. 엄마 자격 따위는 없었다. 그냥 엄마로 충분하다. 특히 신생아기는 그렇다. 작고 여린 아이가 내 손에 부러질 것 같아 아이를 만질 때마다 가슴이 두근거려 만질 수조차 없어 씻기고 재우는 일은 친정 엄마가 해주셨다. 먹이고 재우고 씻기는 것도 쩔쩔매는 동물보다 못한 엄마가 되었다. 아이가 젖을 힘껏 빨지 못할 때는 안타까움에 지켜볼 수가 없었고, 분유를 먹이면 분수처럼 토할 때는 안절부절하는 서툰 엄마가 되었다. 아이가 울면 무엇을 어떻게 해야 할지 몰라 아이보다 더 크게 우는 엄마가 되었다.

15년 동안 거두어들인 방대한 정보는 언제 꺼내 써야 하는지도 모르는, 갓 태어나 세상에 적응하는 아이보다 더 서툰 엄마였다. 아이가 자랄수록 '엄마 전문가'라는 말은 쏙 들어갔다.

잘난척쟁이 시절 나는 양육에 가장 필요한 기술 중 하나는 '공감'이라는 말을 자주했다. 공감의 개념과 구체적인 예 등도 자세하게 설명할 수 있었다. 그런데 이제 와서 생각해보니 강의라기보다는 지식 전달이고, 설명이라기보다는 떠들었다는 표현이 맞을 것 같다.

아이가 4살 때의 일이다. 설거지를 하다가 컵을 놓쳐 발등에 떨어트렸다. 발에 염증이 있었던 터라 순간적으로 눈물이 핑 돌 만큼 아팠다. "아!" 하는 소리를 내면서 발을 움켜쥐고 있는데 옆에서 놀고 있던 딸아이가 와서 이렇게 말했다.

"으이그~ 그러니까 조심하라고 했잖아!"

다친 발보다 아이의 말 가시에 찔린 마음이 더 아팠다. 냉정한 아이라서가 아니다. 못된 아이라서가 아니다. 아이는 엄마의 거울이여서다.

아이가 다쳤을 때 아픈 마음을 공감하기보다 행동을 나무라는 엄마였다. 그 말이 아이를 나무라려고 했던 말이 아니라, 눈에 넣어도 아프지 않을 사랑스런 내 아이가 얼마나 아플지 공감하는 마음의 표현이었다.

아이의 말 가시에 찔려 아파본 경험을 한 뒤로 아이가 다쳤을 때는 진정한 공감을 한다. 아이도 다른 사람이 다쳤을 때 엄마에게 받은 공감을 그대로 사용한다. 엄마는 육아정보와 지식의 도움을 받기는 하지만 정보와 지식으로 성장해 가는 것이 아니라 직접 육아를 하면서 성장해 간다. 아마도 정보와 지식이 없었다면, 아이가 엄마의 거울이라는 것도 공감방법이 잘못되었다는 것도 알아차림이 늦거나 영영 몰랐을 것이다.

엄마가 되기 전에 전문가라고 자만했던 것이 '전문가 놀이'였음을 아이를 키우면서 알았다. 강의와 상담을 받는 엄마들에게 종종 전문가라서 좋겠다는 부러움을 산다. 전문가를 그 분야의 상당한 지식을 갖춘 사람이라고 해석하면 나는 전문가가 맞다. 하지만 상당한 지식을 엄마의 역할에 상당한 부분 적용하지 못한다는 이유로 유아교육 전문가이지 엄마 전문가는 아니다.

엄마 전문가는 없고 엄마만 있다는 것을 인정한 후부터 변화된 것이 있다. 하나는, 아이를 잘 키우려고 하기보다 내가 잘 크려고 노력한다는 점이다. 둘은, 강사들에게 가장 곤란한 질문은 "당신의 아이는 어떻게 크고 있나요?"인데, 아이를 잘 키우려는 욕심을 비우니 그 질문조차 전혀 부담스럽지도 않고 감추고 싶지도 않다는 점이다. 셋은, 부모교육 내용이 지식 전달에서 엄마를 살리고 키우는 내용으로 바뀌었다는 점이다.

강의를 하는 사람이기도 하지만, 배우는 것을 좋아하는 나는 교육 관련 강의를 듣는 청중이기도 하다. 강의를 들을 때는 '맞아 맞아!' 하다가도 끝나고 나면 "그래서 어떻게 해야 해?"라는 물음표가 생길 때가 많다. 정보는 얻었지만 집으로 가서 내 아이에게 어떻게 적용을 해야 하는지를 모르면 강의는 정보에 불과하다. 하지만 물음표를 주는 강의를 느낌표를 주는 강의로 바꾸면 엄마들이 집에 가서 적용할 수 있다.

강사들도 그 분야의 전문가일 수는 있지만 엄마 전문가는 아니다. 부모 교육 전문가이지, 부모 전문가는 아니다. 나는 내 아이의 엄마이지, 엄마 전문가는 아니다.

세상 모든 엄마에게 죽기 전에 "당신은 엄마 전문가 였습니까?"라고 질문한다면 "네, 저는 엄마 전문가였습니다"라고 대답할 수 있는 사람이 몇이나 될까? 이 책을 읽고 있는 엄마들도 자문해보길 바란다.

"당신은 엄마 전문가입니까?"

"아니오"라고 대답을 했다고 해서 자책하지 마라. "아니오"가 맞다.

죽을 때까지 엄마 일을 한다면 경력 30~40년 정도이다. 한 분야에서 이정도 경력이면 전문가일 것이다. 하지만 경력이 오래되었다고 해서 엄마를 '엄마 전문가'라고 하지 않는다. 우리는 그냥 엄마면 된다. 존재하지 않는 엄마 전문가가 되려는 욕심이 엄마 노릇을 힘들게 한다. 엄마 자격증은 없다. 엄마 자격이면 된다. 엄마 자격은 자녀를 키우는 기술이 있느냐가 아니라 엄마의 마음 안에 본질적인 사랑이 있느냐이다.

친정 엄마는 양육의 지식과 기술이 전혀 없었지만,

엄마의 본질은 잊지 않으셨다.

친정 엄마는 나에게 공부하라는 잔소리를 하지 않으셨다.

최고가 되기를 바란 적도 없다. 몸과 마음이 건강하게 자라길 바라셨다.

먹이고 재우고 씻기는 동물들도 하는 것들도 소홀히 하셨다.

잘 키우려는 욕심으로 자식을 조종하지 않고,

자식이 잘 클 거라는 사랑을 품은 마음으로 사셨다.

엄마의 본질이 자식을 살렸고 살게 하고 있다.

내 아이의 엄마면 된다.

03
엄마 탓? 엄마 덕분!

> **국어사전**
>
> 비교
>
> - 둘 이상의 사물을 견주어 서로 간의 유사점, 차이점, 일반 법칙 따위를 고찰하는 일

아이들을 잘 키우기 위해 해야 할 것과 하지 말아야 할 것이 있다. 대부분 양육서에는 하지 말아야 할 것들 중에 제일 먼저 '비교'를 꼽는다. 비교는 아이에게 독이라고 한다. 하지만 부정적으로 해석하면 독이 되고, 긍정적으로 해석하면 보약이 된다.

독이 되는 비교

"○○는 영어를 잘하는데, 너는 영어학원을 몇 년을 다녔는데 실력이

그대로야?"

"동생은 정리를 못하고 형은 만들기를 못하네."

부정적인 비교가 아이에게 미치는 영향을 고려하지 못하고, 좀 더 잘하라는 충고 정도로 사용하는 말습관일 수 있다.

보약이 되는 비교 예

"○○는 영어를 참 잘하고, □□는 수학을 잘한다."

"동생은 정리를 잘하고, 형은 만들기를 잘한다."

부정적으로 비교하는 사람과 긍정적으로 비교하는 사람의 차이는 무엇일까?

습관이다.

습관의 차이로 달라지는 것은 무엇일까?

삶의 질이다.

엄마의 관점에 따라 독이 되고 보약이 되는 비교습관처럼, 아이가 해석하는 관점에 따라 엄마 탓 또는 엄마 덕이 되는 습관이 만들어진다. 엄마가 아이들을 비교하며 기르듯이 아이들도 엄마들을 비교하며 자란다. 엄마나 아이나 부정적인 비교 습관은 삶의 질을 떨어뜨린다.

부모교육강의나 상담 끝에 우는 엄마들이 있다. 우는 이유를 들어보면 아이가 잘못된 것은 엄마 탓이라는 자책에서다.

'문제 아이는 없다, 문제 부모만 있을 뿐이다.'

이 말은 진리와 같은 말이지만, 엄마들을 힘들게 한다는 사실을 깨달은 후부터는 사용하지 않는다. 육아서나 부모교육에 공통적으로 등장하는 단골 내용이 또 있다.

'엄마가 바뀌면 아이가 바뀐다.

엄마가 꿈이 있어야 아이가 꿈을 꾼다.

엄마가 행복해야 아이가 행복하다.'

맞는 말이지만 말을 뒤집어 보면 '아이가 안 바뀌고 꿈이 없고 행복하지 않는 것은 다 엄마 탓이다'라는 뜻으로 해석되어 엄마들을 힘들게 하기도 한다. 그렇다면 행복하지 않는 엄마들, 꿈이 없는 엄마들도 친정 엄마 탓이 된다. 유아교육을 공부할수록 아이에게 미치는 엄마의 영향력이 크다는 것을 배웠다. 엄마가 아이에게 미치는 영향력에 관한 정보들은 나의 부족함은 엄마가 만들어 놓은 결과물이지 내 탓이 아니라고 생각하게 했다.

하지만 탓하는 것도 습관이다. 엄마 탓을 하는 습관을 정리하지 않으면 아이도 엄마 탓 하는 습관으로 살게 된다.

살아가면서 우리는 크고 작은 문제들을 해결해야 한다. 탓을 하는 습관은 문제를 해결하는데 장애물이다. 문제의 소유가 나라면 해결자도 내가 되어야 한다. 남의 탓을 하는 습관을 가진 사람은 문제를 해결할 때도 나의 노력보다 남의 노력을 요구한다. 언제까지 남의 노력에만 의지하고 살 것인가. 나의 노력으로 살아가도록 비교하고 탓하는 잘못된 습관을 정리해야 한다. 엄마도 독립된 인격체로 살아야 하고, 아이도 독립된 인격체로 살아야 한다.

습관은 너무나도 자연스럽게 삶의 방식으로 자리 잡아 자신의 잘못된 습관을 보지 못하게 한다. 한 직장에서 10년을 함께 근무한 직장 동료의 남 탓하는 습관이 자식에게 자연스럽게 전이 되는 것을 보았다. 동료가 자주 하던 말을 그대로 옮기면 "그놈의 새끼 누구를 닮아 지 잘못은 없고 남 탓만 하는지"였다. 이 말은 본인에게 남 탓하는 습관이 있다는 것을 모른다는 뜻이다. 자식의 남탓 하는 습관이 엄마가 물려준 습관이라는 것을 모르는 동료의 모습은 충격이었다.

그런데 그 동료처럼 나도 친정 엄마 탓을 하면서 살고 있었다. 탓하는 습관을 아이에게 물려주는 것이 무서움으로 다가왔다. 엄마 탓하는 습관을 버려야겠다고 결심하지만 버리는 방법을 몰랐다. 습관에 끈이라도 있으면 가위로 싹둑 한 번에 잘라내면 좋으련만 습관의 끈은 보이지 않았다. 엄마 탓의 산물로 살지 않고, 나와 내 아이를 독립된 인격체로 살게 하는, 과거 습관을 잘라내는 가위를 찾았다. 찾고자 하는 사람에게 길이 열린다는 것을 이렇게 매순간 삶에서 확인하며 살아간다. 찾고자 하면 보인다. 가위는 친정 엄마에 대한 '감정정리'였다.

감정코칭연수에서는 엄마 모습으로 빚은 찰흙을 놓고 대화를 한다. 찰흙 엄마에게 가장 강한 감정의 기억에 대한 떠오르는 말을 한다. 내 안의 감정기억을 풀어낸 다음에는 역할을 바꾸어 친정 엄마가 되어 말을 한다.

연수 중에는 다른 사람이 의식 되어 감정을 다 풀어낼 수 없었다. 연수 중에 다 보이지 못한 감정이 아쉬워 집으로 돌아와 조용히 찰흙엄마와 만났다. 찰흙엄마일 뿐인데 내 안에 어렸을 적 엄마에 대한 감정 기억이 마구 쏟아져 나왔다.

"엄마는 왜 바보처럼 땅만 파고 살았어. 밭농사보다 자식농사를 했어야지.
맨날 땅만 파고 있는 동안 내가 얼마나 외로웠는지 알아?
나도 친구들처럼 예쁜 옷 입고 예쁜 머리하고 싶었어. 내가 얼마나 친
구들 앞에서 창피했는지 알아?
할머니한테 그렇게 시집살이하지 말고 이혼했으면 엄마 입에서 나오
는 한 맺힌 넋두리 안 듣고 살았잖아. 지긋지긋한 원망을 왜 자식한테
들려줬어.
나도 남들처럼 교양 있는 엄마, 유식한 엄마가 필요했어.
자식 제대로 키우지도 않을 거면서 나는 왜 낳았어!
맨날 혼자 입학식, 졸업식 가게 하고. 엄마, 아빠랑 손잡고 와서 짜장면
먹으러 가는 게 얼마나 부러웠는지 알아? 짜장면 한 그릇도 못 사줄 거
면서 왜 나를 낳았어!"

이 많은 감정들이 내 안에 있었다는 것이 놀라웠다. 이 감정들에 영향을
받고 살고 있다고 느껴본 적도 없었다. 감정들은 내 안에서 침묵하면서 엄
마 탓하는 습관을 만들어 놓았다.
역할을 바꿔 내가 나의 엄마가 된 뒤에는, 자식이 어떤 말을 해도 내 입
을 통해 나오는 첫마디는 "미안하다"였다.

"미안하다. 먹고사느라 그랬다.
미안하다. 농사 잘 지어서 자식 배곯지 않고, 공부 하나라도 더 시키려

고 뼈가 으스러지도록 땅만 팠다.

미안하다. 나는 못 먹고 못 입어도 자식들 발가벗게 하지 않으려고 노력하며 살았다.

미안하다. 농사꾼 딸로 태어나서 농사짓는 집으로 시집 와 농사짓는 것밖에 배운 게 없어서 그랬다.

미안하다. 니는 많이 배워라.

미안하다. 니가 그렇게 외로운 줄 몰랐다.

미안하다. 제대로 못 키워서 미안하다. 엄마는 잘 키우려고 노력했다.

미안하다. 엄마가 무식해서 미안하다."

내 감정 안에서 엄마를 만난 그날 긴 여름 장마처럼 눈물비가 내렸다. 천둥도 치고 번개도 치고 긴 장마가 끝난 후, 하늘이 맑고 세상이 깨끗한 것처럼 내 안에 엄마에 대한 감정도 그랬다. 감정정리의 참맛을 느꼈다. 감정정리를 하고 난 후에 엄마 탓하는 습관이 사라졌다.

그동안 아이에게만 "내 아이가 되어줘서 고맙다"라고 했는데, 시골에 계신 엄마에게 전화를 걸어 "엄마, 고마워요. 내 엄마가 되어 줘서 고마워요"라고 자주 말씀 드린다. 감정정리를 한 후부터 정말 신비롭게 엄마의 모든 것에 감사했다.

"내 아이 입학식, 졸업식에 아무리 바빠도 나와 남편을 꼭 참석하도록 만들어준 엄마 고맙습니다.

땅만 파던 엄마에게서 성실 하나는 끝내주는 습관을 선물 받았습니다.

고맙습니다. 무식하게 자식을 사랑해 주셔서 고맙습니다."

아이를 키우면서 힘들고 지치고 아이를 잘못 키우고 있다고 느껴질 수 있지만 엄마 탓이 아니다. 어쩌면 엄마 탓이라고 자책하는 마음은 친정 엄마를 탓하는 습관의 고리일지도 모른다. 친정 엄마 탓이 아니다. 친정 엄마 탓을 쉽게 정리하는 방법으로 엄마와의 감정정리를 해보기를 권한다. 살아계셔도, 돌아가셨어도 상관없다. 내 마음은 안에 있는 엄마와 마주 하는 일이다.

그리고 아이의 부족한 점도 내 탓이 아니다. 습관의 영향을 받을 뿐이다. 부정적인 것을 비교하는 습관은 남을 탓하고 환경을 원망하게 만들지만, 긍정적인 것을 비교하는 것은 나를 사랑하게 하고 감사하게 한다.

아이가 비교를 할 줄 아는 나이가 되었을 때 내가 그랬던 것처럼 가지고 싶은 것도 부러운 것도 많아 "엄마는 왜~"를 늘어놓았다. 비교 뒤에 자연스럽게 따라 나오는 말은 "~때문"이다.

"~한 것은 다 엄마 때문이야."

친정 엄마에 대한 감정정리를 하지 않았다면 이 말을 아이에게 들었을 때 내 안에 감정과 뒤섞여 감정이 욱하고 올라왔을지도 모른다. "너를 위해 살고 있는데 이놈이~" 하면서 애를 잡았을 지도 모른다.

엄마 '때문'이라는 말보다 '덕분'에 라는 말을 사용하게 하자. 문법이 안 맞아도 좋다. 문법보다 더 중요한 것은 내 아이의 습관이다. 내 아이는 화가 나면 "엄마 덕분에 친구랑 놀지도 못했어요"라며 심술을 부린다. 그럼 내 안에 감정은 잔잔히 말해준다. 미안하다라고.

아이를 혼낼 때 "네가 잘못한 것이 무엇이냐"는 질문은 남 탓을 하는 아이로 만든다. 아이는 본능적으로 방어기제를 사용하여 핑곗거리를 찾기 때문에 다른 친구의 잘못을 먼저 말하는 아이가 된다.

　　네가 잘못한 게 뭐야? → 무슨 일이 있었니?

질문을 바꾸어 상황을 말할 수 있도록 하자. 내 아이는 친구의 잘못을 먼저 보거나 남 탓을 하지 않았으면 좋겠다. 세상의 탓이 아닌 세상 덕분이라는 관점을 가지고 문제를 해결해 나가는 아이로 크도록 돕자.

04
출산 준비보다 엄마 준비

임신을 하면 축하를 받고 출산 준비에 대한 많은 조언도 받고, 출산 선물도 받는다.

출산준비물은 있는데, 엄마준비물은 없다.

출산용품점은 있는데, 엄마준비교육원은 없다.

아무도 나에게 여자 마음과 엄마 마음이 다르다는 것, 사랑받던 삶과 사랑 주는 삶이 다르다는 것, 여자의 삶과 엄마의 삶이 다르다는 것을 알려주지 않았다. 출산준비물을 챙기는 일보다 엄마 준비를 하는 일이 더 중요하다. 엄마의 역할이 중요하다고 강조하지만, 엄마 준비에 대한 정보가 없다.

엄마 전문가라는 착각 속에 살 때는 누구보다 엄마 준비를 완벽히 할 수 있다고 생각했다. 교육의 시작은 태교다. 태교는 전 생애 교육 중에서 가장 중요한 교육이라고 했으니, 태교를 잘하여 완벽한 아이를 낳고 싶었다.

신사임당처럼 훌륭한 엄마를 꿈꾸며 태교에서 읽은 내용들을 정리하여 치밀하고 나름 완벽한 계획을 세워 엄마 준비를 했다.

자연의 소리를 듣고 자연을 느끼게 해야 한다며 매일 아침 앞산을 올랐다. 태담이 중요하다며 눈을 뜨면서부터 하루 종일 비 맞은 중처럼 중얼거렸다.

"우리 아가 잘 잤니? 엄마는 샤워를 할 거야. 물이 닿는 느낌은 차가울 수도 있으니 놀라지 마."

앞산을 오르며 계절의 변화, 자연들과 인사를 하고, 식물도감을 찾아 펼쳐 놓고 공부를 했다.

유명한 음악가의 클래식이 좋다니 들으면 졸리던 클래식도 매일 들었다. 엄마의 육성으로 불러주는 노래가 제일 좋다고 해서 노래를 불렀다.

태아의 기관이 만들어지는 시기마다 좋다는 음식을 챙겨 먹었다.

태교를 완벽하게 하는 것이 엄마 준비 중의 하나라고 생각했다.

이 모습을 지켜보는 어른들은 아이 스트레스 받는다며 엄마가 편안한 것이 가장 좋은 태교라고 했다. 지인들은 혼자 엄마가 된 것처럼 유난을 떠는 모습에 얼마나 대단한 아이가 태어나는지 꼭 지켜볼 거라고도 했다. 태교를 철저히 했으니 엄마 준비는 완벽했다.

2009년 11월 가을, 하늘이 노랗게 보이는 출산의 고통을 이기고 엄마가 되었다. 출산의 고통은 엄마가 감당해야 할 많은 일들을 준비하기 위한 신의 선물이고, 엄마 역할이 쉬운 것이 아니라는 신호다.

정신이 혼미해지고 온몸에 힘이 빠져 손가락 하나 까닥할 수 없는 상태인데도 "산모 힘내세요. 힘 빼면 아기 눌려요"라는 말에 힘을 불끈 낼 수 있는 초인적인 힘이 생겼다. 몸에서 쑥 빠져나가는 느낌과 함께 작고 여린 울음소리가 "아~ 아~잉" 들렸다.

엄마가 되어 만나는 첫 순간에 들려주는 말을 아이가 기억한다고 하여 가치 있는 말을 준비해 두었다. 준비한 말은 전혀 떠오르지 않고 눈에서는 감사의 눈물이 주르륵 흘렀다. 입에서는 "고맙다, 고맙다. 내 아이로 태어나줘서 고마워"라는 말이 나왔다. 역시 이론과 현실은 다르다. '고맙다'라는 말이 그 당시 준비한 말보다 더 가치 있는 말이었다. 아이는 아주 평범하고 사랑스럽게 태어났고 아직도 유난한 태교로 특별한 점을 발견하지는 못했다.

출산 준비는 아이를 위한 것이고, 엄마 준비는 엄마를 위한 것이다. 엄마 준비라고 했던 완벽한 계획들의 태교는 아이를 위한 것이었다. 아이가 배 속에서부터 좋은 교육환경에서 자라서 특별한 아이가 되기를 바라는 욕심이었다.

엄마 준비는 선조들의 말씀처럼 마음의 준비면 된다. 그래서 엄마 준비에 대한 정보가 없었나 보다. 출산의 고통을 견뎌낸 단단한 마음, "아이가 눌려요" 하는 말을 듣고 아이를 위해 초인적인 힘을 낼 수 있는 마음, 출산하는 엄마의 고통만 생각하지 않고 질을 빠져나오는 아이의 고통을 배려할 수 있는 넉넉한 마음이면 된다. 태교는 아이와 인연에 감사하는 거면 충분하다.

엄마가 되고 산모들을 대상으로 하는 태교강의 내용을 어떻게 잡아야 할지 혼란스러웠다. 산모들은 태교기술을 듣고 싶을 것이고, 강사인 나는 인연에 감사하고 엄마 마음 준비를 하라는 말을 하고 싶었으니 말이다.

아이가 배 속에 있는 10개월은 엄마 준비를 위한 아이의 배려다.

엄마가 되면 마음이 오르락내리락 미친× 널뛰듯 하니, 마음을 편안히 하는 평정심을 준비해야 한다.

엄마가 되면 육체적으로 상당히 고되니, 몸에 이로운 음식을 먹어서 몸도 만들어야 한다.

엄마가 되면 정신줄 놓고 사는 날이 많아지니, 정신을 맑게 하는 법을 배우지 않으면 정신이 자주 들락날락한다. 정신을 맑게 하는 수련법도 준비해야 한다.

그러니 엄마 준비는 마음을 편안히 하고 넉넉히 하고 여유롭게 가꾸는 일이면 충분하다. 준비 없이 엄마가 되어도 괜찮다. 지금부터 하면 된다. 책에서 말하는 습관육아가 엄마의 마음을 챙기는 일이니 지금부터 시작하면 된다.

늦은 나이에 결혼을 해 임신을 간절히 바랐고, 임신한 사실을 알았을 때는 완벽한 엄마가 되어 보겠다는 욕심으로 태교만 생각했다. 엄마가 되기만을 간절히 바랐지, 엄마 마음 준비에 대해서는 생각해본 적이 없었다.

엄마 등록 후 등록부에 잉크도 안 마른 내가 산후조리원 산모들을 대상으로 부모교육을 했다. 첫 아이를 출산 한 엄마들이라면 함께 으샤으샤 파이팅도 하고 위로라도 하지만, 셋째를 낳은 대선배 엄마들 앞에서 정보 전달만 하는 강의를 7개월 정도 하다가 포기했다. 참 양심적인 결정이었다. 번데기에서 나비가 될 때 스스로 나와야 하는 것처럼 엄마는 스스로 어른이 되어야 한다. 스스로 어른이 되어야 한다는 것이 얼마나 어려운 일인지 엄마의 역할을 하게 될 때 알게 되었다.

아이가 걸음마를 배우기 시작할 때쯤부터 엄마들은 아이를 잘 키우고 있는지에 대한 걱정이 생기기 시작한다. 비슷한 또래 아이만 보면 "몇 개월이냐?"고 묻는다. 그러면서 내가 엄마 노릇을 잘하고 있는지, 내 아이가 잘 크고 있는 건지 비교하면서 점검한다. 같은 월령에 있는 아이와 발달 수준이 비슷하거나 빠르면 잘 크고 있다는 안심이고, 느리면 걱정이다.

말하는 기술, 한글을 읽고 쓰는 기술, 그리는 기술, 대변을 가리는 기술, 장난감을 조작하는 기술 등 다양한 기술이 생길수록 엄마는 뿌듯하다. 주변 사람들에게 인정받고 싶은 욕구가 큰 엄마라면 아이의 기술에 더 예민하게 반응할 수도 있다. 하지만 이 기술을 가르치는데 시간을 낭비할 필요 없다.

아이를 먼저 키우신 어르신들은 요즘 엄마들이 하는 기술 교육이 못마땅하다. 아이를 키워 봤으니 아신다. 그 기술들은 가르치지 않아도 스스로 하게 되는 것들이라는 것을 말이다. 조금 느리게 한다고 부족한 것은 아니다. 월령에 따른 아이들의 발달을 세밀하게 관찰하고 체크하는 일은 중요하지만, 꼭 그 속도에 맞게 가거나 앞서갈 필요는 없다. 내 아이의 속도에 엄마의 속도를 맞추어야 한다.

아이의 속도를 무시하고 보편적인 발달 속도에 맞추려고 하면, 비교가 되고 걱정이 되고 조바심이 생긴다. 엄마의 조바심은 아이를 재촉하게 된다. 엄마의 재촉은 발달을 느리게 하고 자존감을 낮게 한다. 엄마 속도로 가면 아이를 끌고 가게 된다. 엄마 속도에 끌려 가는 아이는 엄마 속도로 소아정신과로 가게 된다.

아이에게 기술보다 더 필요한 것은 마음이다. 기술습관은 조금 서툴러도 시간이 지나면 할 수 있지만, 마음습관은 시간이 지나면 더 어려워진다. 마음을 단단히 하는 엄마 준비는 오롯이 엄마만 할 수 있다.

제 2 장

다시 엄마 되기
엄마 사표 쓰고

'엄마'라는 말이 참 좋다.

아이들이 많이 모인 곳에는 엄마를 부르는 소리가 많이 들린다.

신기하게도 내 아이의 목소리는 명확하게 구분할 수 있다.

아이가 부르는 엄마라는 소리는 당신의 이름으로 살지 말고,

엄마라는 이름으로 살아가라는 가르침이라는 의미를 담아본다.

아이가 엄마라고 부를 때마다 엄마라는 책임감이 느껴진다.

엄마라고 부를 때는 무엇인가 필요할 때, 도움을 받아야 할 때, 사랑이 필요할 때이다.

아이는 요구를 하고, 엄마는 요구에 반응한다.

아이의 요구에 반응할 수 있는 나는 엄마다.

"엄마" 하고 부르면 "우리 딸" 하고 반겨주는 엄마의 소리는 지치고 힘든 마음을 편안하게 해주는 마법 같다.

엄마에게 요구하는 삶에서 아이의 요구에 반응하는 엄마의 삶이 시작되었다.

"엄마!"

"무엇을 줄까?"

01
처음은 무조건 서툴다

처음은 서툴다. 무조건 서툴다. 처음부터 능숙했던 것이 있었는지를 떠올려 보면 없다.

눈 감고도 할 수 있는 밥 떠먹는 일도 처음에는 서툴렀다.

환상적인 무대를 보여주는 김연아 선수도 처음에는 서툴렀다.

에디슨의 발명도 처음에는 서툴렀다.

자전거 타기를 배울 때 오빠들이 타는 모습은 특별한 기술 없이 쉬워 보였는데 막상 타보니 어려웠다. 타인의 능숙함에도 서툴렀던 시간이 있었다. 유치원생이나 고등학생이나 처음 자전거를 배우면 서툴기는 마찬가지다. 20대에 엄마가 되나 50대에 엄마가 되나 엄마 역할이 서툴기는 마찬가지다.

갓 태어난 아이에게 숟가락으로 밥을 먹으라고 강요하지 않는다. 일어나서 걸으라고 재촉하지 않는다. 글을 읽으라고 조바심 내지 않는다. 존재 자체만으로도 감사하다.

엄마도 마찬가지다. 엄마의 삶으로 갓 태어나서 좋은 엄마, 완벽한 엄마, 훌륭한 엄마가 되려고 스스로에게 재촉하지 말고 강요하지 말고 조바심 내지 마라. 아이는 엄마의 존재 자체만으로도 감사한다. 재촉, 조바심, 강요는 엄마를 엄마답게 살게 하는 삶에 적군이다.

특히 나처럼 완벽하고 꼼꼼한 성격을 가진 엄마라면 재촉, 조바심, 강요를 더 많이 하기 때문에 특별히 적군의 침범을 관리해야 한다. 적군에게 공격을 당하면 아프다. 많이 아프다. 엄마 가슴에 적군이 준 폭탄을 안고 아이를 만나면 아이도, 엄마도 위험하다. 적군을 관리하는 방법은 '~해야만 한다'의 당위성을 버리고 '그럴 수도 있다'는 자연성을 품는 일이다. 엄마가 당위성을 버리고 자연성을 품어야 함을 아이가 아프고 나서 알게 되었다.

나는 원감으로 아이는 5살 원생으로 한 유치원에서 생활했다. 원감의 딸은 다른 아이들의 모범이 되어야 한다는 당위성으로 바르게 행동하기를 강요했다. 혹시라도 학부모들이 원감의 딸이라는 것을 알게 될까봐 조바심을 내며, 유치원에서 '엄마'라고 부르지 말라고 했다. 아이는 엄마를 엄마라 부르지 못하는 홍길동이 되었다. 엄마의 그 당위성이 아이의 마음을 아프게 했다. 아이가 아프면 엄마도 아프다.

이후 원감의 딸이 아니라 그냥 5살 아이, 원감 엄마가 아니라 그냥 5살 아이의 서툰 엄마로서 '그러려니~' 자연성을 품게 되었고, 아이는 다시 건

강해져 가고 있다. 당위성은 자신을 힘들게 한다. '자식은 ~해야 해, 남편은 ~해야 해, 시부모는 ~해야 해, 나는 ~해야 해'라는 기준을 만들어 놓으면 그렇게 되지 않았을 때 가장 힘든 사람은 자신이다.

우리나라 엄마들의 당위성은 한글 교육에서 두드러진다. 유난히 영아기에는 말하기, 유아기에는 한글 깨치기, 초등학교 저학년에는 받아쓰기에 집중한다. 아이가 말을 빨리 해야 하고, 학교 가기 전에 한글을 깨쳐야 하고, 저학년에는 받아쓰기를 잘해야만 하는 당위성은 내면보다는 외면을 중요시하고 과정보다는 결과를 중요시한 결과다.

아이가 떠듬떠듬 단어를 말하는 시기에 엄마들은 열심히 문장을 만들어 따라하게 한다. 아이가 마시는 물을 가르치며 "물!" 이렇게 말하면 "물 주세요"라고 말하도록 가르치고 연습시킨다. 열려 있는 아이의 생각을 조금씩 닫아주는 행위다. 아이가 말하는 "물"이라는 한 단어 안에 '나는 물을 알고 있다, 물을 마시고 싶다, 동화책에서 토끼가 먹었던 물이다, 물놀이 하고 싶다, 목욕할 때 물이 필요하다' 등의 생각이 들어 있을 수 있다. 아이가 말한 무수한 의미의 물 메시지를 남들보다 더 빨리 말을 하게 만들기 위해서 "물 주세요"를 연습시킨다. 당위성은 생각을 닫아주고 자연성은 생각을 열어준다.

엄마는 아이의 요구에 반응하는 사람이다. 아이의 요구와 생각은 무시하고 엄마의 욕심으로 반응하면 체한다. 엄마의 욕심은 안에서 저절로 생기기도 하지만, 주로 외면을 중시하는 사회에서 주는 자극에 자존심이 상해서 생기기도 한다. 아이의 언어교육에 대해서 몇 시간을 강의할 수 있을 만큼 전문지식이 있어도 엄마의 욕심을 보태면 체한다.

여섯 살 내 아이와 다섯 살 지인의 딸이 동화를 읽고 있었다. 자세히 보니 다섯 살 지인의 딸이 좔좔 읽어주는 동화를 여섯 살 딸이 듣고 있었다. 자존심이 상했지만 겉으로 웃으며 말했다.

"한글 교육을 빨리 시켰나 봐."

"한글을 전혀 가르친 적 없는데 유전적으로 언어가 빠른 거 같아."

이 사건으로 자존심에 욕심이 보태져 언어교육에 대한 이론을 무시하고 한글을 가르치기 시작했다. 한글 카드를 만들어 곳곳에 붙이고 읽으라고 강요했고, 잘못 읽으면 목소리 톤이 달라지면서 다시 읽으라고 재촉했다. 결국 아이는 남들보다 빠르게 가라고 하는 엄마의 욕심에 체해서 한글과 멀어졌다.

처음부터 잘하고 싶은 마음은 욕심이다. 처음은 무조건 서툴러야 한다. 엄마는 죽을 때까지 처음이다. 아이가 한 살일 때는 한 살이 처음일 테고, 열 살이면 열 살이 처음이니 나이가 들어도 서툰 것은 자연성이다.

자식이 열 명이여도 열 명 모두 다르기 때문에 엄마는 처음이다. 완벽한 엄마, 좋은 엄마가 되고 싶은 마음이 드는 순간부터 힘들고 지친다. 아이를 완벽하게 키우기 위한 기술도 배워야 하고, 배운 기술을 적용도 해야 하고, 아이가 안 따라주면 조급해지면서 다그치게 된다.

가장 완벽한 엄마, 좋은 엄마는 서투름을 그러려니 하고 받아들이는 엄마다. 세상에 모든 것에는 일장일단이 있다. 일단이 보이면 생각을 뒤집어

얼른 일장으로 바꿔라.

아이의 부족한 점을 먼저 보면, 아이는 부족한 아이가 되고

아이의 좋은 점은 먼저 보면, 아이는 괜찮은 아이가 된다.

남편의 부족한 점을 먼저 보면, 부족한 남편이 되고

남편의 좋은 점을 먼저 보면, 괜찮은 남편이 된다.

나의 부족한 점을 먼저 보면, 부족한 엄마가 되고

좋은 점을 먼저 보면, 괜찮은 엄마가 된다.

완벽한 엄마는 존재할 수 없고 원래 서툰 것이라는 것을 인정한 순간부터 엄마 노릇이 행복하고 내 아이는 괜찮은 아이가 된다. 완벽한 엄마가 되고 싶을 때는 '엄마는 원래 평생 서툴다'로 생각을 뒤집어라. 서툰 엄마라고 아이에게 미안해하지 말고, 서툰 엄마를 당당히 말해주자.

"네가 세상에 태어나면서 엄마가 되었고 네가 하나하나 배워가듯이, 엄마도 엄마 노릇을 하나하나 배워가는 중이란다. 네가 서툰 것처럼 엄마도 서툴 수 있어."

엄마는 완벽하지 않다는 것을 부끄러워하지도 미안해하지도 말고 당당히 이야기해 주어야 한다. 당당함은 노력을 했을 때만 사용해야 하는 단어다. 세상에서 가장 완벽한 엄마는 서툴다는 것을 인정하고 노력하는 엄마다.

02
엄마의 본질이
아이를 자라게 한다

요즘 엄마들은 독박육아라는 말을 많이 쓴다. 독박은 화투 칠 때 고를 외친 한 명이 점수를 올리지 못하게 되어 모든 책임을 뒤집어쓴다는 의미로 사용된다.

독박육아
- 남편의 도움 없이 혼자서 육아를 뒤집어 썼다는 의미의 신조어

혼자서 아이를 보고 있을 때 '아이랑 놀고 있어, 아이 보고 있어, 엄마놀이 하고 있어'라는 대답들도 할 수 있는데 '독박육아 중'이라고 한다. 혼자 육아를 뒤집어썼다는 억울함, 혼자 돌보는 것이 행복하다는 긍정적인 의미보다 부당하다는 부정적인 의미가 담긴 말이다.

육아는 엄마의 특별한 권리이자 의무라고 생각한다. 육아라는 단어 앞에 행복, 감사, 사랑 등의 의미를 담은 긍정적인 의미의 사용이 엄마의 본질이어야 한다. 사람을 사람답게 기르는 가장 가치로운 엄마의 일을 피해자의 마음으로 하는 것처럼 느끼게 하는 독박육아라는 말이 못마땅하다. 독박육아에서 나오는 에너지는 활기차고 희망차기보다 힘이 빠지고 억울한 느낌이다. '엄마가 나를 키우는 일이 힘이 빠지고 억울한 것이구나!'의 부정적 에너지를 자주 받는 아이의 마음은 어떨까를 생각해봐야 할 문제다.

한글날 특집으로 TV에서 동일한 조건의 밥을 두 유리통에 담고 하나의 밥에는 "고맙습니다" 등의 긍정의 말을, 하나의 밥에는 "짜증나" 등의 부정의 말을 하는 실험이 있었다. 긍정의 말을 들은 밥에는 누룩이 피고, 부정의 말을 들은 밥에는 곰팡이가 피었다. 독박육아는 귀한 보물 같은 아이의 마음에 곰팡이를 피우게 하는 말이다.

육아를 혼자 뒤집어썼다고 억울해 하지 말자. 자식을 낳고 키우는 일은 부모의 선택이고 책임이라 부모가 함께하는 것이 맞다. 다만 역할이 다를 뿐이다. 부는 생존을 위한 먹고 사는데 필요한 물질에 책임이 더 크고, 모는 생존을 위한 육아와 정신에 책임이 더 크다. 맞벌이를 하는 모 입장에는 육아를 똑같이 하는 것이 공평하다고 주장하겠지만, 대개의 경우 부는 책임이고 모는 스스로가 좋아서 선택한 일이다.

일과 육아를 함께 한다는 것이 얼마나 힘든지 워킹맘으로 살아봐서 누구보다 잘 알고 있다. 남편은 새벽에 가서 밤에 왔기 때문에, 나는 허약한 체력으로 직장도 다니고, 집안일도 하고, 육아도 혼자 했다. 몸은 피곤하고 힘들었지만, 억울하거나 피해자의 마음으로 육아를 하지는 않았다.

직장일만 하면 되는 남편에게 심술이 날 때도 많았지만, 아이에게 감정 전이가 되지 않도록 했다. '독박육아'라는 말보다 '행복육아'라는 말을 사용하면 좋겠다. 육아는 아이가 어렸을 때만 사용하는 단어다. 다 큰 아이를 육아한다고 하지 않는다. 육아 중에 있는 엄마들이 힘들겠지만 그것도 다 지나가고 한때이다. 조금만 더 힘을 내자. 행복육아는 엄마의 본질을 벗어나지 않는 삶 안에서 진정한 행복이고, 독박육아는 엄마의 본질을 벗어난 삶의 피해의식이다.

엄마의 본질을 알면 행복육아를 할 수 있다. 엄마의 본질이란? 아낌없이 주는 나무다.

(옛날에 나무 한 그루가 있었다. 그 나무가 사랑하는 소년은 나무에게 와서 나무 오르기, 나뭇가지 그네놀이, 사과 따먹기, 숨바꼭질을 하고 피곤하면 나무그늘 아래서 단잠을 자기도 했다. 소년은 나무를 무척 사랑했고 나무는 행복했다.)

엄마는 나무다. 아이들이 어릴 때는 등에 올라타고 안고 비비고 놀 수 있는 만만한 놀이터야 한다. 엄마는 지치고 피곤해도 포근한 품에 단잠을 재워야 하고, 사과처럼 비타민이 풍부한 영양도 주어야 한다.

(시간이 흘러 소년이 나이가 들어 찾아왔을 때 예전처럼 줄기도 타고 사과도 따먹으라고, 하지만 소년은 나무에 올라가 놀기에는 너무 커버렸고 필요한 것이 달라졌다고 말한다.)

모든 것에 때가 있듯이 육아에도 때가 있다. 어차피 해야 할 육아라면 아이 마음에 곰팡이 피우는 독박육아하지 말고, 누룩을 피우는 행복육아를 하자. 아이가 커버리면 필요한 것이 달라져 육아를 하고 싶어도 할 수 없다.

(커버린 소년에게 필요한 것은 돈이다. 나무는 사과를 팔아 생긴 돈으로 행복해지길 바란다. 좀 더 자란 소년은 집이 필요하다. 나무는 가지들을 베어 집을 지어 행복해지길 바란다. 더 자란 소년은 배가 필요하다. 나무는 줄기를 베어 배를 만들어 행복해지길 바란다. 나무는 소년이 찾아 올 때마다 기쁘게 맞아주고 모든 것을 내어 주면서도 행복해지길 바라고 그래서 행복하다고 말한다.)

엄마는 나무처럼 항상 같은 자리에 굳건하게 있어주고, 아이가 찾아온 것을 기뻐해주고 아낌없이 다 주면서도 행복한 버팀목이 되어야 한다.

나무는 소년이 필요한 것을 다 해주지 않았다. 할 수 있도록 환경을 주었고 소년은 스스로 집을 짓고 배를 만들었다. 환경을 주면서 묵묵히 지켜봐 주었다.

(할아버지가 되어 찾아온 소년에게 나무는 줄 것이 아무것도 없어서 미안해한다. 소년은 아무것도 필요한 것이 없고 그저 편안히 쉴 곳이 필요하다고 한다. 밑둥만 남은 나무는 소년이 편안히 쉴 수 있도록 의자가 되어준다. 그래서 나무는 행복하다.)

*참고《아낌없이 주는 나무》

나무는 다 내어주고도 억울해하지 않고, 마지막까지 할아버지가 되어버린 소년이 편안히 쉴 수 있도록 품을 내어 줄 수 있어 행복하다고 한다. 엄마는 아낌없이 주는 나무여야 한다.

친정 엄마는 아낌없이 주는 나무처럼 엄마의 본질 사랑으로 키워주셨다.

마디마디가 울퉁불퉁하고 끝이 다 갈라지도록 땅을 파서 자식들 먹이고 키웠다. 다리가 휘고 무릎이 닳도록 땅을 파서 자식들 먹이고 키웠다. 자식들 먹이고 입히느라 번듯한 옷 한 벌 입지 못하고 키웠다.

유식한 말 한마디 해주지 않으셨지만, "밥 먹었냐?"는 안부는 매일 묻고 챙기셨다.

공부하라는 말은 안 해주셨지만, "성실하라"는 말은 늘 해주셨다.

돈 많이 벌어서 성공하라는 말은 안하셨지만, "사람답게 살아라"는 말은 식물에게 물을 주듯이 해주셨다.

효도하라는 말은 안 하시지만, "너 행복하라"는 말은 전화 끊을 때마다 하신다.

가장 큰 본질 사랑을 주시고도 해준 것도 없어서 미안하다고 하시는 친정 엄마는 가장 존경하는 분이다. 자식에게 듣는 존경한다는 말은 엄마로서 훌륭하셨다는 훈장이다. 자식이 바르게 살아가도록 힘을 주시고 존경받는 자리에 계신 것은 엄마의 본질을 지키셨기 때문이다. 본질 사랑의 맛을 알기에 내 아이에게도 주고 있다.

아이를 키우는 일이 가장 어렵다는 것에 동의를 하지만 억울하다고 말하고 싶지는 않다. 더군다나 나 혼자만 아이 키우는 것은 피해라고 입 밖으로 내고 싶지 않다. 지금까지 살아오면서 가장 잘한 일은 아이를 낳고, 내 아이의 엄마가 된 것이다. 내가 선택한 일에 기뻐하고 행복해하는 것, 아낌없이 주는 나무가 되어주는 것이 엄마의 본질이다.

솜씨가 없어서 맛있는 요리는 못해 주어도, 패션 감각이 없어서 예쁜 옷은 입혀주지 못해도, 늘 바쁜 엄마라서 잘 챙겨주지는 못해도 엄마의 고단함보다 먼저 아이의 행복을 생각하는 엄마다.

'네가 태어남은 억울하고 피해를 주는 것이 아니라 엄마 딸로 태어나줘서 고마워. 네가 하는 몸짓 하나하나가 엄마에게는 행복이야.'

엄마를 어른으로 키워줘서 고마운 마음으로 행복한 육아를 하는 엄마다.

습관육아의 기본은 엄마의 본질 사랑이다.

엄마의 본질 사랑에서 벗어나면 지식육아, 기술육아가 되어버린다.

엄마의 본질 사랑을 먹고 자란 아이는 행복하다.

03
무늬만 엄마로 살았다

돈을 받고 하는 일은 강퇴, 찍퇴, 명퇴, 퇴임, 사표로 끝낼 수 있지만, 자식을 기르는 엄마 일은 끝이 없다. 부부 관계에도 끝이 있는데 부모자녀 관계는 이혼, 죽음 후에도 마음으로 이어지는 끝이 없는 관계다. 끝이 없는 영원한 관계가 다 좋은 것만은 아니다. 관계의 질을 고려해야 한다.

나는 한때 주변의 시선을 의식해서 잉꼬부부인 것처럼 행동하는 쇼윈도 부부, 혼인관계는 유지하지만 서로의 삶에 관심주지 않고 독립적으로 살아가는 부부처럼, 모녀의 관계는 유지하고 있지만 내 삶에만 관심을 두고 남들이 보기에만 엄마로 보이는 '무늬만 엄마'였다.

부모자녀 관계에서 가장 중요한 것은 애착이다. 애착은 정서적인 관계의 영역이다. 아이의 안정된 정서, 대인관계의 질, 사회성에 영향을 주는 것으로 엄마가 주어야 하는 첫 번째 기본 선물이다. 나는 애착이 형성되는 결정적 시기에 15개월된 아이를 어린이집에 보내고 다시 워킹맘이 되었다. 출근준비하고 아이 등원준비하고 나면 에너지가 방전이다. 잠도 부족하고 엄마 사랑도 부족해서 찡찡대는 아이를 윽박지르고 달래서 어린이집에 밀어 넣고 출근하는 길에 눈물도 흘렸지만, 일을 하는 동안 아이를 잊고 원감으로 살았다.

엄마가 행복하면 아이도 행복하다고 했는데, 엄마가 전문성을 인정받으며 행복지수가 높아지는 만큼 아이는 불행했다. 애착의 중요성을 누구보다도 잘 알면서 애착보다 엄마의 성취감, 행복을 선택한 '무늬만 엄마'였다.

직장인들에게 집으로 돌아간다는 의미는 휴식이지만, 워킹맘은 또 다른 일터로의 출근이다. 워킹맘들의 생활에는 출근만 있고 퇴근은 없다. 집으로 출근하면 보고 싶었던 아이는 안아달라, 놀아달라 칭얼댔다. 영아기 아이들이 원하는 것은 엄마와 살을 부비며 옆에 있어 주는 것인 줄 알면서 달달한 음식, 장난감을 쥐어주었다. 그래도 짜증을 부리면 아이의 마음을 외면하고 똑바로 말해야 들어줄 거라는 협박을 하는 무늬만 엄마였다.

책 읽기 시간을 갖지만, 읽어주다가 엄마가 조는 날이 더 많았다. 엄마품의 포근함을 느끼는 유일한 시간을 빼앗기고 싶지 않은 아이는 엄마의 눈꺼풀을 벌려 보고 바람도 불어 넣어가며 잠을 깨운다. 너무 피곤한 날은 아이의 마음을 무시하고 엄마 장님 만들거냐며 소리를 빽 질러서 아이를 울렸다. 잠든 아이의 볼을 어루만지며 아이가 받아주지 못하는 사과를 하는 일이 반복되었다. 천사 같은 아이에게 따뜻한 품을 내어줄 시간이 없는 무늬만 엄마였다.

연수와 유치원 행사라도 있는 날에는 아이를 맡아 줄 곳이 필요했다. 여기저기 맡길 곳을 찾고 맡길 곳이 없으면 아이를 데리고 다니며 인형처럼 가만히 앉아 있으라고 협박했다. 짐처럼 맡겨지는 아이의 마음을 보지 못하고, 맡길 때가 있다는 안도감이 먼저인 무늬만 엄마였다.

어느 휴일에 늦잠, 낮잠을 자고 일어나면 옆에서 깨우지 않고 혼자 조용히 놀고 있었다. 엄마 주위를 돌며 장난감을 가지고 논 흔적이 마치 무덤을 그려놓은 것 같은 느낌이었다. 어쩌면 아이에게 살아있지만 죽은 것 같이 느껴지는 엄마에 대한 마음의 표현이었을 지도 모른다는 생각을 가끔 해본 적이 있다. 평일에 함께하지 못하는 미안함으로 휴일에는 마트도 같이 가고, 놀이동산, 농장 등을 찾아다녔다. 애견 강아지를 예쁘게 꾸며서 목줄을 잡고 산책 나온 사람들과 다를 바 없는 무늬만 엄마였다.

한 직장에 근속한 교사를 위한 3박 4일 외국 연수의 기회가 왔을 때 좋은 기회라며 아이를 맡기고 즐겁게 떠났다. 연수를 마치고 보고 싶은 마음으로 달려와 아이를 얼싸 안았는데, 아이는 여린 손으로 나를 밀어냈다. 아이에게는 자식보다 더 소중한 일을 찾아 떠난 엄마였고, 엄마가 사라질지도 모른다는 불안함이라는 것도 모르는 무늬만 엄마였다.

같은 유치원에 다니면서 함께하는 시간이 많아지니 아이의 마음이 보이기 시작했다. 아이가 웃는 모습, 친구랑 이야기하면서 노는 모습, 선생님 말에 반응하는 모습을 보면서 저렇게 크는 동안 먹이고 재우는 일밖에 해준 것이 없다는 것을 느끼기 시작했다. 아이들은 부정적인 감정을 공격적이고 산만한 행동이나, 친구를 괴롭히는 행동 등으로 표현하기도 한다. 무늬만 엄마의 모자란 사랑을 받고 자란 내 아이는 유치원에서 문제아였다. 매일 혼이 났다.

같은 원에 다녀서 아이와 대화할 시간도 생겨 다행이란 생각이 들었다. 매일 혼나는 아이를 무릎에 앉히고 대화를 하기 시작했다. 그동안 무늬만 엄마와의 관계로 사느라 아이의 감정, 생각, 변화를 함께 느끼고 웃고, 기뻐하고, 슬퍼한 추억이 없었다. 함께하면서 들려주고 보여주어야 하는 엄마의 가치관과 조건 없는 엄마의 사랑으로 세상을 살아가야 할 아이한테 늘 바쁘고 빨리빨리 재촉하고 먹이고 재워준 추억밖에 만들어주지 못했다. 내가 점점 쌓여가는 통장의 잔고와 전문성으로 행복해하는 동안, 진짜 엄마가 되어주기를 목을 빼고 기다리는 아이 마음을 몰랐다.

무늬만 엄마 사표를 던졌다. 아이와 엄마의 관계에도 결정적 시기가 있다. 결정적 시기를 더 놓치고 싶지 않아서 직장에도 사표를 던졌다. 사표를 쓰고 돈과 명예를 잃어버렸지만, 가장 소중한 엄마의 자리를 찾았다.

출근 준비로 분주했던 아침이 아이와 안고 뒹굴고 오늘은 무슨 일이 일어날지 기대하며 사랑의 대화를 나누는 시간이 되었다. 함께 아침을 먹으며 여유 있게 어떤 옷을 입을지 원하는 머리스타일이 무엇인지 아이의 마음을 느낀다.

유치원 버스에서 내리면 반갑게 맞아주고 안아주고 추운 날은 옷도 여며준다. 손을 잡고 앞산을 오르며 친구와 사이좋게 놀다가 다툰 이야기, 선생님께 칭찬받기도 하고 혼난 이야기를 하면서 아이의 생각을 듣는다. 도서관에 함께 가서 책을 읽으면서 관심이 무엇인지를 알게 되었다. 아이는 놀이터에서 노는 동안 나는 책을 읽으면서 놀아주지는 못해도 함께 있어주었다.

무늬만 엄마였을 때는 특별히 해준 것이 많았는데, 엄마로서 특별히 해준 건 없다. 아이와 함께 있어준 것 밖에 없다. 아이가 엄마에게 원했던 것도 함께 있어주는 것 밖에 없었다. 놀이터에서 놀고, 산책 가고, 집에서 뒹굴고, 책 읽는 것을 함께하면서 아이의 마음을 읽어주었다. 별것 아닌 엄마와 함께한 시간이 사랑이 되고 가치관이 되어 자라고 있다.

아이들은 좋은 환경과 영양가 있는 음식만으로 자라는 것이 아니라 엄마와 함께 사랑을 주고받으며 자란다. 아이는 자신의 마음을 함께 느껴주고 채워줄 수 있는 포근한 엄마의 품을 원한다.

무늬만 엄마의 우물 안에 갇혀 엄마 마음만 보고 아이 마음은 보지 못하고 있는 건 아닌지 살펴보자. 엄마의 우물은 각자가 다르다. 직장일 수도 있고, 이웃 아줌마들과의 수다, 우울한 마음, 독박육아의 피해의식, 청소만 하는 결벽증, 쇼핑, 사교육이 될 수도 있다.

아이가 어릴수록 가능한 많은 시간을 함께 있어 주려고 노력하자. 함께 있는 시간이 부족하더라도 같이 있는 시간만큼은 따뜻한 엄마품을 내어주자. 쇼윈도 엄마인 무늬만 엄마 사표를 쓰고, 진짜 엄마의 이름으로 삶을 살자.

04
아이가 행복해야
엄마도 행복하다

엄마가 행복해야 아이가 행복할까? 아이가 행복해야 엄마가 행복할까?

영유아기 아이들은 감정을 느끼지만 구분하고 처리하는 방법이 서툴어 감정표현을 언어로 하기보다 몸으로 표현하는 특징이 있다. 예를 들면 잠이 부족한 아이는 "엄마, 잠이 부족해요. 더 잘 수 있게 해주세요"라고 표현하지 못하고, 징징거리거나 떼를 쓰거나 신경질을 부리는 행동으로 표현한다. 또 부정적 감정을 공격적인 행동으로 표현한다.

아픈 마음을 표현하는 아이들의 행동을 엄마들은 문제행동으로 받아들인다. 그래서 아이가 문제행동을 보이면 행동을 없애려고 노력한다. 문제행동을 없애려고 노력하는 과정에서 엄마는 우울함을 겪기도 하고 화도 난다.

엄마가 행복했어도 아이가 마음이 아프면 엄마도 우울해진다. 자식 이기는 부모 없기 때문이다. 아이가 행복해야 엄마도 행복하다. 엄마의 행복은 스스로 느낄 수 있으니 알아차릴 수 있지만 아이의 행복은 어떻게 알 수 있을까? 엄마는 감정을 조절하고 타인의 감정을 조망할 수 있지만, 아이들은 자신의 감정과 생각밖에 못하는 자기중심적인 발달과정에 있다. 그래서 어른은 슬퍼도 웃을 수 있지만, 아이들은 슬픔을 감추고 웃는 얼굴을 할 수 없다. 아이가 많이 웃는지 살펴야 행복이 보인다.

엄마가 행복하다고 아이가 행복한 것은 아니다. 내가 행복하면 아이도 행복할 줄 알고 1년 육아휴직 후에 복직을 선택했다. 나는 일을 하면서 성취감을 느끼고 행복했지만, 아이는 행복하지 않았다. 그동안 아이는 마음이 아프다고 온몸으로 표현하고 있었다.

손톱 아래가 새빨개지도록 물어뜯고, 산만하고 공격적으로 변해갔다. 혹시 ADHD인가를 걱정하는 엄마들에게 "영유아기에는 ADHD가 없고, 엄마와 대면하면서 나누는 정서적 교감의 부족으로 인한 불안한 마음 때문에 그런 행동을 하는 것입니다"라고 말해주던 나의 머릿속에 가장 먼저 떠오른 생각은 '혹시 내 아이가 ADHD인가?'였다.

다른 엄마들에게 '치료는 나쁜 것이 아니라 아이를 도와주는 것이니 남들 의식하지 말고 아이의 행복을 위해서 받아 보라'고 해놓고 나 자신은 받아들이지 못했다. 소아정신과, 치료센터를 찾는 아이들이 늘고 있다는 소식을 들을 때 아이를 잘못 키우는 엄마들이 안타깝기도 한심스럽기도 했다. 내가 한심한 엄마가 된 것을 인정하고 싶지 않은 마음에 괜찮아질 거라 믿었다.

아이의 마음을 살피지 않고 행동만 없애려 하니 아이의 상태가 괜찮아지지 않았다. 치료가 필요하다는 결론을 내렸다. 지역에 있는 대학교 부속 치료기관으로 상담을 하러 가는 날이었다. 햇살 좋은 평일 낮에 엄마랑 외출하는 아이는 소풍을 가는 마음처럼 들떠 있었다. 오랜만에 본 아이의 밝은 표정과 순한 눈빛이었다.

"엄마! 어디 가요?"

아이의 물음에 어떻게 내 아이를 아프게 하는 엄마가 되었는지 눈물이 핑 돌았다. 치료센터의 상담소는 사방이 흰색으로 되어 있는 방에 책상과 의자 2개가 전부였다. 공간도 좁았다. 몇 가지 질문으로 상담이 끝이 났고, 결과는 아이가 ADHD이 특성이 보이니 정확한 검사를 받아본 후에 결정을 해도 되지만, 상담사의 소견으로는 치료를 받아야 한다고 했다.

엄마의 우울함과 스트레스를 치료해서 행복해져야 아이도 행복해할 수 있다는 이유로 함께 치료를 받는 것이 좋다고 했다. 그후 다른 곳에서 간단한 미술, 심리검사를 해보았지만 결과는 같았다. 나와 아이 모두 정서불안, 우울, 스트레스 지수가 높았다. 엄마라는 이름으로의 삶이 참 고달프다는 생각도 했지만, 내 아이를 다른 사람에게 치료해달라고 떠넘기고 싶지는 않았다. 내 아이를 가장 잘 아는 사람도 엄마이고, 치료약인 엄마 사랑도 내가 가지고 있었다. 15년을 쌓아온 경력을 쓰레기통으로 던져 버리고, 무늬만 엄마와 직장에 사표를 썼다.

이후 아이의 마음을 따라다니며 마음을 읽는 습관을 들였다. 사실 놀이동산 나들이도 엄마 입장에서의 결정이었다. 엄마 입장에서는 아이를 위해 시간과 돈과 노력과 힘을 들여 행복하게 해준 일이지만, 목마를 하고 다니지 않는다면 아이의 눈높이에서는 많은 사람들의 다리 움직임이 기둥이 살아 움직이는 것처럼 느껴져 무서운 곳일 수도 있다. 아이들이 좋아하는 체험장에는 지켜야 하는 규칙도 많고, 부모들의 통제도 많다.

놀이동산과 체험장에서의 아이 표정과 집 앞 놀이터에서 친구들과 놀 때, 집에서 엄마가 놀아 줄 때의 표정을 관찰해 보자. 아이의 표정이 밝은 쪽이 아이의 행복이다.

마트와 실내수영장을 엄마의 마음이 아니라 아이의 마음으로 따라가보자. 사람이 많은 곳에서 아이들의 마음을 표정으로 살펴보자. 실내수영장은 소리가 울리고 비슷한 옷차림의 사람들이 다닥다닥 붙어 있는 곳이다. 마트는 아이들이 가지고 싶은 물건들이 한 가득인 보물섬이다. 아이가 떼쓰는 행동은 주로 이곳에서 일어난다. 떼쓰는 아이의 마음을 존중하면서 올바른 소비에 대한 경제교육을 하는 엄마들이 몇이나 될까. 보물섬에 데리고 가서 절대 보물을 만지면 안 된다고 하면 아이의 마음을 어떨지, 반대로 보물을 손에 쥐어주면 아이의 마음이 어떻게 자랄지 엄마는 아이의 마음을 따라다니며 살필 줄 알아야 한다. 아이가 원하는 대로 다 해주라는 것이 아니라, 아이의 마음을 따라다녀 보라는 뜻이다.

걷지도 못하는 아이들을 오감발달을 위한 교육의 장으로 데리고 다닌다. 수업을 받는 모습을 관찰해 보면 엄마는 박수 치고 웃고 신나는 표정으로 아이를 위해 최선의 노력을 하지만 아이는 멀뚱멀뚱할 때가 많다. 아이의 마음을 따라다니며 아이의 입장에서 행복을 살펴줄 알아야 한다. 아이의 행복은 아이의 입장에서 봐야 알 수 있다.

내 아이가 마음이 아픈 후에 아이의 마음을 살피는 일이 엄마의 삶에서 중요하고 행복을 샘솟게 하는 약이라는 것을 알았다. 아이가 5살 때 아주 고가의 옷을 선물 받은 적이 있다. 막 입히기가 아까워서 꼭꼭 넣어 두었더니 어느새 아이는 자라버려 옷이 작아졌다. 엄마가 아이의 마음을 따라다녀야 할 때를 놓치는 것은 고가의 옷을 아끼다가 작아서 못 입게 되는 것과 같다. 고가의 옷을 입힌 날은 유난히 아이를 통제하게 된다. 옷에 지워지지 않는 이물질을 묻히는 날에는 뭣이 중헌지 모르고 아이를 잡는다.

강사, 작가, 상담, 하브루타 등 다양한 일을 하고 있지만, 나의 본업은 엄마이고 제일 우선순위의 일도 엄마다. 나는 아이의 마음을 따라가는 것을 가장 중요하다 여긴다. 치료 대신 나의 사랑을 듬뿍 받은 아이는 안정되어 밝게 스스로 잘 커가고 있는 중이다.

초등학생이 되면 표정이 아니라 언어로 감정을 표현하게 된다. 대화가 되면 대화로 소통하면 되는데 그때까지는 아이의 표정을 살펴보는 일이 중요하다. '자식이 먹는 것만 봐도 엄마 배가 부르다'는 말처럼 아이가 행복하니 엄마도 행복하다.

05
엄마들 세상의 불편한 진실

우리는 부부, 부모자녀, 이웃, 가족, 친구 등 사람들과의 관계 속에 살고 있다. '지식인은 어떤 사실을 알고 있고, 성공한 인물은 어떤 사람을 알고 있다'는 존 디마티니의 말처럼 성공한 사람들은 성공의 요소 중 하나로 관계의 힘을 꼽는다.

관계는 삶의 질에 영향을 준다. 그래서 전문가들은 '수영을 잘하고 싶다면 수영을 잘하는 사람들과 수영을 해라. 부자가 되고 싶으면 부자들과 생활해라. 성공하고 싶다면 성공하는 사람들을 만나라. 행복하고 싶으면 행복한 사람들과 생활하라'고 조언한다.

엄마들의 관계는 아이들의 성공에도 영향을 주기 때문에 관계의 질을 점검하고 관리해야 할 필요가 있다. 아이들이 성공하기를 바라고 대인관계를 잘해나가길 바란다면 '엄마들 세상의 불편한 진실'을 살펴보고, 관계의 질을 높이자.

불편한 진실 하나, 수다로 스트레스를 푼다.

가족구성원들을 회사로 배움터로 보내고, 엄마들은 가끔 스트레스를 풀기 위해 수다 모임을 갖는다. 수다가 스트레스를 줄이는데 영향을 준다는 연구들이 있지만, 엄마들의 수다는 스트레스를 만들어 내기도 한다. 대화의 주제는 남편, 시댁, 아이 교육, 쇼핑, 요리 등에서 크게 벗어나지 않는다. 남편이나 시댁, 아이 자랑을 하면 잘난 척하는 것 같아 보일 수 있으므로, 불만스러운 점이나 단점을 위주로 수다가 이어진다.

남의 시선을 의식하는 부정적인 수다로 한 아이가 바보가 되기도 하고, 한 선생님이 자질이 없는 사람이 되기도 하며, 한 이웃이 이상한 사람이 되기도 한다. 입에서 입으로 전해진 이야기의 주인공은 순식간에 몹쓸 사람이 되어버린다. 왕따는 아이들이 만든 것이 아니라 엄마들의 부정적인 수다가 만들어낸다.

아이들은 엄마가 떤 수다 내용을 친구들에게, 남편에게, 오늘 참석 못한 엄마들에게 전하는 뉴스를 들으면서 관계하는 삶의 방식을 흡수한다. 엄마들의 수다가 만들어 낸 부정적인 사람들의 관계를 아이들이 스펀지가 물을 흡수하듯 모방한다. 책을 좋아하는 엄마들의 수다 재료는 책이 되고, 흉보기를 좋아하는 엄마들의 수다 재료는 흉이 된다.

좋은 내용, 긍정적인 말만 할 필요는 없지만, 부정적인 내용을 조금 줄이고, 아이의 시선을 의식해서 긍정적인 수다의 빈도를 높이자. 남의 시선보다 중요한 것은 내 아이의 시선이다. 나는 엄마들과 수다 떠는 시간보다 아이와 수다 떠는 시간을 더 많이 가지려고 노력하지만, 엄마들과 수다를 할 때는 아이의 시선을 무척 의식한다. 남 흉보는 부정적인 말보다 위로와 격려를 하는 긍정적인 말을 하려고 노력한다. 내가 하는 말들이 아이의 삶의 방식이 될 수 있기 때문이다. 엄마들 수다의 질을 높여서 아이들 관계의 질을 높이자. 꿈을 이야기하고, 미래를 이야기하고, 행복을 이야기하고, 위로하는 고급 수다 모임을 하자.

불편한 진실 둘, 아이 싸움이 어른 싸움이 된다.

유치원, 학교는 아이들이 관계하는 법을 배우는 작은 사회다. 사회에는 문제가 있기 마련이다. 그 문제는 아이들의 것이지 엄마들의 것이 아니다. 그런데 아이를 지켜주는 마음으로 아이의 문제를 엄마가 뺏어가서 아이 싸움을 어른 싸움으로 만들어 놓고, 아이 싸움이 어른 싸움 된다고 한다. 엄마들의 싸우는 모습에서 품격은 조금도 찾아볼 수 없다. 아이들은 엄마들의 싸우는 모습을 모방하여 친구들과 싸운다. 결론은 어른 싸움이 아이 싸움이 된다.

입학할 때는 삼삼오오 몰려서 친한 아이들끼리 같은 반을 해달라던 엄마들이 학년이 바뀔 때 다른 반 배정을 요청하기도 하고, 심하게는 이사를 가는 경우도 있다. 엄마들이 친하면 아이들도 친한 친구가 되고, 엄마들이 싸워서 원수가 되면 아이들도 원수가 된다. 아이들의 싸움은 아이들에게 돌려주고 엄마들은 지켜보자. 싸움이 났을 때는 부모가 직접 싸워 해결해

주는 것이 아니라, 지켜보는 것이 지켜주는 거다.

형제자매의 싸움에 끼어들어서 우애가 부족하다고 나무라지 마라. 우애를 키우기 위해서 싸우는 거다. 싸움은 나쁜 아이들이 하는 나쁜 짓이 아니다. 생각과 생각이 부딪쳐 일어나는 현상으로 자연스러운 일이다.

엄마도 부부싸움, 형제싸움, 이웃싸움을 한다. 부부가 헤어지는 것은 많이 싸워서가 아니라 잘 싸우지 못해서다. 싸움이 나쁜 것이 아니라 싸움을 하는 방식이 문제다. 싸움을 하더라도 품격 있는 방식으로 싸우는 모습을 보여주자. 갈등을 피할 수는 없지만 잘 갈등할 수는 있다.

아이가 싸웠을 때는 무조건 잘못된 행동이라 혼내지 말고, 싸움의 방식을 잘 선택할 수 있도록 안내해야 한다. 싸움은 나쁜 것이 아니라 사람들 관계에서 자연스러운 일이지만, 잘못된 싸움의 방식은 나쁜 것이 있다고 가르치고, 이기는 싸움을 해야 한다고 가르쳐야 한다.

싸움은 서로 원하는 것을 얻고 싶은 마음의 갈등이다. 형제싸움에서 양보를 중요시하는 엄마들의 가르침은 싸움을 져주라는 의미로 들린다. 싸움은 져주는 것이 이기는 것이 아니라 '이기기 위해서' 해야 한다. 상대를 인신공격하고 잘못을 들추고 몸과 힘을 이용하여 원하는 것을 얻었다 하더라도 이긴 싸움이 아니라 진 싸움이라는 것을 가르쳐야 한다. 원하는 것을 얻기 위해 요구하는 바를 근거 있게 구체적이고 논리적으로 표현해서 상대가 반박을 못해서 졌다는 것을 인정하게 하는 것이 잘 싸우는 방식이다. 아이에게 싸움을 해야 하는 상황에서는 맞서서 잘 싸우라고 이야기해주자.

첫째, 절대 몸의 힘을 사용하지 말고, 말의 힘으로 싸워라.

둘째, 자기의 잘못을 인정한 후에 상대의 잘못에 대한 근거를 말해라.

셋째, 요구를 구체적으로 말해라.

넷째, 너의 주장만 내세우는 것은 우기는 것이니, 상대의 이야기를 잘 들어라.

상대를 알아야 싸움에서 이긴다. 잘 들어주는 것은 상대의 감정을 누그러뜨리도록 시간을 주는 것이기도 하다. 아이들은 감정에 즉각적으로 반응하고 상대의 감정보다 자기의 감정이 우선이기 때문에 엄마가 알려준 잘 싸우는 방식을 실천 못하는 경우가 더 많다. 그래서 필요한 것이 엄마의 잘 싸우는 방식 모델링이다. 잘 못 싸우는 방식은 분노와 폭력을 키우지만 잘 싸우는 방식은 협상능력을 키운다.

불편한 진실 셋, 사교육열은 교육제도 탓이다.

아이가 7살쯤 되면 엄마들의 제일 관심사는 교육이 된다. 수포자(수학을 포기한 자)가 안 되려면 연산 다지기는 기본이고, 악기 정도는 하나 가르쳐야 하고, 영어는 필수로 해야 하고, 독서논술도 필수라고 한다. 학원에 대한 정보도 줄줄 꿰고 있다.

엄마들끼리 사교육은 필수라고 정해놓고 교육제도 탓이라고 한다. 어릴 때부터 다양한 학원을 보내 재능을 발견해서 능력을 키워주는 게 엄마 역할이라고 한다. 교육제도가 사교육열을 높인다고 하지만, 다양한 루트를 통해 얻은 사교육정보와 엄마의 불안함이 사교육열을 높인다.

나 역시 습관육아를 하지 않았으면 더 많이 흔들렸을 것이다. 내 아이가 사교육을 안하는 것에 대한 주변인들의 무한한 걱정과 옆집 아이들이 하고 있는 사교육을 들은 날은 살짝 불안할 때도 있으니까.

사교육열은 옆집 엄마가 만들어낸다. 옆집 엄마의 정보와 조언으로 아이를 키우면 옆집 아이 만큼만 큰다. 옆집 아이가 탐나게 잘 크고 있다면 옆집 엄마의 조언을 참고해도 좋다.

엄마들이 모여 만들어가는 세상에서 무심코 하는 수다, 싸움, 정보들이 아이의 성공에 필요한 요소 중에 하나인 관계의 힘에 영향을 준다. 10세 전후가 되면 추론적 사고가 가능해져 엄마 행동의 옳고 그름을 판단할 수 있다. 그 전까지는 엄마들의 삶의 방식을 흡수하는 아이들을 위해 가릴 줄 아는 삶을 살아주자. 엄마의 이름으로 살아가는 삶은 아이의 시선을 의식해야 한다. '엄마의 관계' 질이 '아이들의 관계' 질이 된다.

06
엄마 공부는 졸업이 없다

엄마가 되면 해야 하는 일도 많고, 해결해야 하는 일도 많고, 뜻하지 않는 어려운 일들도 이겨나가야 한다. 엄마 공부는 양육의 지식과 기술을 배우고 익혀서 자식 잘 키우는 공부가 아니다. 엄마 공부는 마음을 위로하고 단단히 하는 공부다.

엄마는 아이가 말을 더듬어도, 문제를 일으켜도, 몸이 불편해도, 공부를 못해도, 사고를 쳐도, 바다처럼 받아주고 위로해줄 단단한 마음을 가져야 한다. 엄마는 세상 사람들이 다 안 믿어도 아이를 믿어주고 세상 사람들이 다 손가락질해도 아낌없는 사랑을 줄 수 있는 나무처럼 굳건한 마음이어야 한다. 살다 보면서 만나는 뜻하지 않는 크고 작은 일에 대처하는 엄마의 단단함이 아이를 크게 키운다.

4살쯤 되어 보이는 여자 아이가 놀이터에서 그네를 살살 타다가 콩 떨어졌다. 조금 놀라긴 했지만 아무렇지도 않게 일어서려고 하는데 엄마가 큰일이 난 것처럼 호들갑스럽게 대처하니 아이가 울기 시작한다. 엄마가 119에 전화하는 소리를 듣고 더 크게 운다. 아이는 아파서 우는 게 아니라 작은 일을 큰일처럼 호들갑스러운 대처에 불안해서 우는 거다. 엄마의 마음이 약하고 흔들리면 아이도 마음이 약해지고 흔들리기 때문에 마음을 단단히 해야 한다.

패럴림픽 보치아(뇌성마비 중증 장애인과 운동성 장애인만이 참가할 수 있으며, 표적구에 가까운 공의 점수를 합하여 승패를 겨루는 경기) 혼성 개인전 금메달을 딴 정호원은 건강하게 태어나 평상에서 굴러떨어져 뇌성마비 장애인이 되었고, 몇 년 후 집에 불이나 엄마와 형이 화상을 입어 장애인이 되었다. 아버지는 집을 나갔고, 빚만 남았다. 장애인 엄마는 두 장애인 아들을 키워냈다. 지독한 고난에도 주저앉아 울지 않고 강인하게 자식을 키우면서 어머니는 "세상에 힘들지 않은 사람 없다. 대통령도 사장님도 마찬가지다. 너희 힘으로 이겨내야 한다"라고 말하며 늘 강한 모습을 보이셨다. 엄마가 단단한 힘으로 사셨기에 가난과 고난을 이겨내고 죽고 싶은 마음도 떨쳐내고 금메달을 땄다.

어렸을 적 친정 엄마는 시어머니의 시집살이가 힘들어 집을 나가신 적이 있다. 어린 눈으로도 집을 나가는 엄마의 마음이 이해될 정도로 할머니의 시집살이는 악랄했다. 집을 나가셨다가 마음을 달래시고는 자식이 눈에 밟힌다며 밤늦게라도 집에 돌아오셨다. 어린 마음에 엄마가 돌아오시지 않을까봐 마음 조리며 기다리다가 엄마의 인기척을 들은 후에 안심을 하고 잠을 잤다.

두어 번은 집을 나가셨다가 들어오셨는데 하루는 밤새 기다려도 돌아오시지 않았다. 엄마를 잃어버린 아이의 공포심은 생각보다 훨씬 크다. 다음 날 오후에 돌아오신 엄마품에 안겨 엄마 없이 못 산다며 나도 데려가라고 울었던 기억이 있다. 그날 이후로 엄마는 집을 나가시지 않으셨다.

시어머니의 모진 시집살이와 효심 가득한 아버지가 주시는 상처를 몸과 마음으로 다 받아내시고 버티시며 살아주셨다. 모진 시집살이의 고통을 자식을 위해 버티시며 마음을 단단히 키워 가셨다. 여자의 삶, 천순자 개인의 삶보다 엄마라는 이름으로의 삶을 지켜주시는 친정 엄마의 단단한 마음에 감사하고 존경한다.

내가 만약 정호원의 엄마였다면, 내가 만약 친정 엄마였다면 고난과 고통을 버틸 수 있었을까를 생각해본다. 앞으로 나에게 어떤 일이 생길지 모른다. 엄마로 살아있는 순간까지 마음을 단단히 키우고 가꾸어야 겠다는 생각이 들었다.

엄마 마음에 분하고 억울한 마음이 있으면 아이는 피해의식이 강하고, 열등감이 많고, 자존감이 낮고, 허세를 부리고, 공격성이 강해진다. 하지만 단단하고 강인한 엄마의 사랑이 있으면 아이는 장호원처럼 어떤 고난도 이겨내는 사람이 된다.

세상의 엄마들아, 아이들 잘 키우려고 너무 애쓰지 말자. 자식 잘 키우려고 하는 공부는 엄마를 더 힘들게 한다. 아이를 잘 키우고 싶은 마음이 클

수록 양육 스트레스도 크다. 엄마가 노력한 만큼 아이는 결과를 줄 수 없다. 엄마의 욕심 그릇과 아이의 능력 그릇은 비교가 되지 않는다.

자식 잘 키우는데 에너지를 많이 쓰는 엄마들은 주변의 평가에 따라 마음이 달라진다. 아이가 잘하고 있다는 평가를 받으면, 엄마 노릇이 행복하고 아이가 사랑스럽다. 아이가 부족하다는 평가를 받으면, 엄마 노릇이 힘들고 아이를 잡게 된다. 아이는 스스로 잘 크고 있으니, 자신의 마음을 단단히 하고 잘하고 있다 위로하며 살자.

엄마 공부의 정의와 필요성을 알았다면 어떻게 해야 하는지 공부 방법에 대해 알아보자. 아이를 키우는데 정답은 없다. 하지만 해답은 있다. 정답은 누구에게나 같은 답이지만, 해답은 질문을 풀이하는 사람에 따라 다를 수 있다. 질문을 해야 답을 얻을 수 있다.

'어떤 엄마가 되고 싶은가?'

'친정 엄마가 어떤 엄마였으면 좋았을까?'

'아이는 어떤 엄마이기를 바랄까?'

'좋은 엄마란 어떤 엄마일까?'

나와 똑같은 질문을 할 필요는 없다. 각자 떠오르는 질문을 하면 된다. 스스로에게 질문을 하면 내 안에 잠자고 있던 마음, 생각들이 답으로 나온다. 정답이 아니라 내 마음 안에 있었던 나만의 답!

• 네 인생 네가 알아서 하라고 하기보다 독서와 경험을 통한 지혜로

방향을 안내하는 엄마

- 분하고 억울하고 부정적인 말을 가리지 않고 하기보다 온화하고 교양 있게 말하는 엄마
- 남편 잘못 만난 탓을 하기보다 자신의 꿈을 위해 도전하는 엄마
- 돈과 일을 사랑하기보다 자신을 사랑하는 엄마
- 속상한 일만 생각하기보다 작은 일에도 감사하며 사는 엄마
- 찡그린 얼굴을 하기보다 웃는 표정으로 사는 엄마
- 가치 없는 일을 반복하기보다 가치 있는 일을 하는 엄마

　나는 이런 엄마가 되고 싶었다. 각자 자신에게 질문하고 마음 안에 소리를 들어보자.

　'이런 엄마가 되기 위해서 지금부터 무엇을 해야 할까?'

　'무엇을 할 수 있을까?'

　'어떻게 해야 할까?'

　내 안에서 하고 싶었던, 하고 싶은, 할 수 있는 방법들이 나왔다.

1. 신문으로 세상을 읽고, 책으로 지혜를 읽고, 마음으로 사람을 읽자.(읽는 습관)
2. 좋은 말의 씨앗을 뿌리자. (말습관)
3. 사람답게 살자. (인성습관)
4. 생각하며 살자. (생각습관)

5. 나를 사랑하며 살자. (사랑습관)

6. 꿈을 가꾸자.(꿈습관)

7. 잔잔한 바다처럼 살자. (감정습관)

8. 지금 행복하자. (행복습관)

9. 공부를 하자. (공부습관)

10. 나와 남을 위로하는 글을 쓰자. (쓰는 습관)

바로 10가지 습관이었다. 지금 내가 하고 있는 엄마 공부는 10가지 습관 공부다. 이 습관을 가지고 있는 엄마가 '훌륭한 엄마, 좋은 엄마, 멋진 엄마'라 생각한다.

나의 이야기를 듣고 습관육아를 하는 엄마들 중 아이 습관이 잘 안되는 것 같아서 스트레스 받는다고 하는 분이 있다. 다시 한번 말하지만 엄마공부는 자식 잘 키우는 지식과 기술을 배우는 공부가 아니라, 엄마 잘 크는 공부다. 엄마가 준 습관을 아이가 잘 받고 있는지 확인할 필요도 스트레스 받을 필요도 없다. 엄마는 엄마 습관에만 신경 쓰면 된다.

엄마 공부는 언제까지 해야 할까? 엄마 공부는 졸업이 없다. 결승점이 없는 마라톤과 같아서 엄마라는 이름으로 사는 동안 쭉 해야 한다. 마라톤을 오래 할 수 있는 방법은 처음부터 막 달리면 안 된다. 결승점 없는 마라톤을 100미터 달리기하듯 달리면 마음껏 달려 보지도 못하고 지친다. 우리나라 엄마들은 아이가 어릴수록 있는 힘을 다해 달린다. 처음에는 의욕과 열정으로 막 달리다가 멀리 뛰어보지도 못하고, 지치면 자식이 내 마음대로 안 된다며 물러서 버린다.

엄마 공부를 시작해야 하는 결정적 시기는 언제일까? 자식을 잘 키우고 싶은 마음이 큰 엄마일수록 결정적 시기를 놓치면 잘못 클 것 같은 불안함으로 결정적 시기에 집착한다. 다행히 엄마 공부의 결정적 시기는 없다. 엄마 공부의 출발점은 내가 서 있는 곳이고 바로 지금이다.

아이를 잘 키우고 싶은 마음을 가지고 정말 최선을 다해 달려온 엄마가 있다. 달리면 달릴수록 깨달음이 커지는 엄마는 잠깐 멈춰 서서 엄마의 이름으로의 삶에 대해 돌아보게 된다. 엄마 공부가 마음 공부라는 것을 알게 된 엄마는 지난 시간을 후회하며 헛되이 보낸 시간을 아까워했다. 하지만 헛된 시간은 없다. 지금까지 달려온 과정이 있었기 때문에 지금의 알아차림이 있는 것이다. 그래서 나는 "엄마 공부를 가장 하기 좋을 때는 자신에게 질문을 하고 답을 구할 때"라고 상담해 주었다. 출발점이 다르다고 지는 게임이 아니다. 내 아이의 단 한 사람의 엄마로 맞추어가면 된다. 습관 바톤을 받아 들었다면 지금부터 천천히 시작하면 된다.

평생 아이 걱정 없는

습관육아란?

제 3 장

지식을 가르치는 강사보다 엄마들의 마음을 살리는 강사이고 싶다.

자식을 가르치는 엄마보다 자식의 마음을 살리는 엄마이고 싶다.

나라가 쓰러져 간다고 걱정하기보다 나라를 살리는 국민이고 싶다.

'모가 바로 서야 부가 바로 서고, 부모가 바로 서야 가정이 바로 서고, 가정이 바로 서야 나라가 바로 선다. 교사가 바로 서야 교육이 바로 서고, 교육이 바로 서야 나라가 바로 선다.'

이것이 나의 좌우명이다.

살리고 세우는 일을 하려면 먼저 내가 살고 서 있어야 한다.

누군가에게 무엇을 주려면 무엇이 있어야만 가능하다.

습관을 주고 싶다면 습관을 가지고 있어야 한다.

습관은 엄마가 살고 서고 가지고 있어야 가능하기 때문에 엄마도 같이 자랄 수 밖에 없다.

1, 2장에서는 엄마를 살리고 세우려고 했고, 3, 4장에는 습관육아를 가지도록 했다. 5장에서는 선택은 엄마들의 몫이 되도록 했다.

01
지식육아 vs 습관육아

다섯 살 아이가 친구 집에 놀러갔다가 친구의 장난감을 들고 왔다. 처음에는 물건 소유의 개념이 부족하기 때문에 그럴 수 있다 이해하고, 그런 행동은 옳지 않다고 가르쳐줄 것이다. 그런데 다음 날에도 또 친구의 장난감을 들고 왔다. 어떻게 할 것인가? 대부분 그 행동이 습관이 될까봐 아이를 호되게 혼낼 것이다. 한두 번 말로 가르쳤는데 잘못된 행동을 반복하면 습관이 되기 전에 뿌리를 뽑아야 한다는 생각이 든다. '세 살 버릇 여든 까지 간다'는 속담 교육의 결과다. 세 살부터 좋은 습관을 들여서 여든까지 가지고 살도록 하고 싶은 엄마들의 마음이기도 하다. 하지만 지식육아와 습관육아를 구분하면 같은 속담도 해석이 달라진다. 나는 세 살 버릇 가운데 지금까지 가지고 있는 버릇이 하나도 없다.

코딱지도 안 먹고, 양치질하기 싫어 도망다녔는데 지금은 아주 잘 닦는다.

책 읽기는 해본 적이 없는데, 지금은 독서의 신이다.

쓰기를 정말 싫어했는데, 지금은 매일 글을 쓴다.

늦잠대장이었는데, 지금은 새벽에 일어난다.

지나치게 세 살 버릇에 집착하지 말자. 나이 마흔에도 마음먹기에 따라 행동이 바뀐다. 아이가 서너 살 때 앉아서 밥 먹는 습관에 대해 남편과 의견 차이가 있었다. 나는 밥상을 차려주는 것까지만 엄마의 과제고 앉아서 먹던 서서 먹던 아이의 과제라고 생각했다.

"크면 돌아다니면서 먹으라고 해도 앉아서 먹으니 그냥 둬요."

계속 돌아다니며 먹는게 아니라, 앉아서 밥을 먹다가 무엇인가에 호기심이 생기면 일어나서 자리를 비웠다가 다시 돌아와 밥을 먹는다. 식사예절을 가르쳐야 하는 것이 맞지만 나는 시간이 지나면 하게 될 습관에 힘을 빼고 싶지는 않았다.

"세 살 버릇 여든까지 가. 밥은 앉아서 먹는 습관을 들이게 하자."

남편은 몇 개월을 노력하다가 아내가 협조를 하지 않으니 포기했다. 그동안 아이와 나는 스트레스를 좀 받았다. 지금은 돌아다니면서 먹으라고 해도 앉아서 먹는다.

국어사전

습관

- 어떤 행위를 오랫동안 되풀이하는 과정에서 저절로 익혀진 행동방식, 학습된 행위가 되풀이되어 생기는 비교적 고정된 반응 양식.

즉, 습관은 저절로 익혀져 고정된 반응의 양식이다.

습관육아에서는 '저절로'가 핵심이고,

지식육아에서는 '되풀이하는 과정'이 핵심이다.

가정에서 하고 있는 세 살 습관을 살펴보면 손 씻기, 이 닦기, 정리정돈, 음식 골고루 먹기, 한자리에 앉아서 먹기 등 기본 생활습관과 관련된 것들이다. 이것을 가르치기 위해 매일 규칙적으로 말한다.

예를 들면 밖에서 놀다가 들어온 아이에게 손을 씻으라고 규칙적으로 말한다. 그런데 만약 손 씻으라는 소리를 일주일만 금지하면 어떻게 될까? 엄마가 주는 정보(지식)에 의해 규칙적으로 반응한 아이는 손을 씻지 않을 것이고, 마음을 일으켜 저절로 행동을 한 아이는 손을 씻을 것이다. 사실 엄마가 주는 정보에 의해 손을 씻은 아이는 손 씻기가 습관이 된 것이 아니다.

지식육아는 엄마의 규칙적인 정보에 의해 되풀이하는 행동이고, 습관육아는 엄마가 주는 환경에 의해 마음을 일으켜 저절로 하는 행동이다. 손 씻기, 정리하기, 이 닦기 등 기본생활습관에는 목숨을 걸지 않아도 된다. 기본생활습관은 자라면서 아이 스스로 할 수 있게 된다. 혹시 안 한다 하더라도 목숨을 걸고 바꾸어야 할 만큼 살아가는데 영향을 주는 행동들은 아니다. 다른 사람들에게 피해를 주지 않는다면 괜찮다.

아이에게 살아가는데 더 중요한 평생 습관은 무엇일까?

• 잘생기고 손 씻기는 잘하지만, 사랑습관이 없는 남편

- 전문성은 뛰어나지만, 인성습관이 없는 직장동료
- 요리도 잘하고 정리도 잘하지만, 말습관이 나쁜 엄마
- 영어는 잘하지만 꿈이 없는 아이
- 이는 안 닦지만, 행복한 아이
- 정리정돈은 못하지만, 감사할 줄 아는 아이

어떤 사람을 선택할 것이지 동그라미로 표시해보자. 아마도 습관육아에서 소개하는 항목에 더 많이 표시했을 것이다. 자, 엄마들이 습관육아를 해야 하는 이유를 스스로 찾았다.

이번에는 습관육아를 하는 방법을 알아보자. 우리는 교육받은 대로 아이들을 교육시킨다. 잘했을 때는 보상하여 지속하게 하고, 잘못했을 때는 벌을 주어 행동을 제재한다. 그런데 만약 보상과 벌이 주어지지 않는다면 아이의 행동은 어떻게 될까?

아이가 다니는 학교 1학년에 질서지킴이가 있다. 아이들이 말하는 질서지킴이에 대한 정의를 그대로 옮기면, 질서를 지키지 않는 아이들을 잡아내서 선생님께 일러주는 일을 한단다. 아이들에게 친구의 잘못을 잡아내는 권력을 주는 질서지킴이는 일본에 지배받던 식민지 교육을 연상하게 했다. 아이들이 잘못했을 때 벌을 주어 행동을 제재하는 방법이다. 질서지킴이 1년 실행 후 아이들의 질서의식은 어떻게 변해 있을까? 보상과 벌이 멈추면 행동도 사라질 가능성이 높다. 친구의 잘못을 찾아 벌받게 하는 일이 권력이라 생각할 수 있다.

아이들의 습관은 보상과 벌로 만들어지는 것이 아니라 마음을 일으키게 하는 내적 환경으로 만들어진다. 습관육아의 기본은 아이가 마음을 일으켜 스스로 행동하는 것이다.

아이 스스로 마음을 일으켜 행동을 바꾼 다음 사례를 보자.

유치원에 다니는 다섯 살 아이에게 손에 손수건을 꼭 쥐고 다니는 버릇이 있었다. 엄마도 선생님도 아이의 손에서 손수건을 떼어 놓으려고 온갖 노력을 하고 있었다. 엄마와 선생님의 노력의 강도가 커질수록 아이는 손수건을 움켜쥐고 뺏기지 않으려고 울었다.

엄마는 다섯 살인데 다른 사람들 보기에 창피하기도 하고 습관이 될까 걱정이었고, 선생님은 손에 늘 손수건이 쥐어져 있으니 활동에 불편함도 있고 손수건에 애착하는 습관은 잘못된 것이라고 생각했다. 손수건을 떼어 놓기 위해 엄마는 손수건을 숨기기도 하고 예쁜 손수건으로 바꾸었고, 교사는 손수건을 가방에 넣고 만지지 않으면 사탕, 칭찬스티커를 주었다. 아이의 마음을 일으키지 않고 눈에 보이는 행동을 제거한 것이다.

사실 꼬질꼬질한 손수건은 아이의 마음을 편안하게 주는 엄마와 같은 존재였다. 이 사실을 안 교사는 방법을 바꾸었다.

"○○에게 손수건은 엄마처럼 편안함을 주는구나. 그렇다면 손수건을 가지고 다녀도 좋아. 유치원 생활에 불편함이 느껴지면 언제라도 손수건을 내려놓아도 좋고, 선생님이 손수건이 사라지지 않도록 꼭 지켜줄게. 약속!"

이후 아이가 등원할 때 잊지 않고 손수건에게도 인사를 하고 안부도 물으며 소중히 대해 주었다. 2개월이 지나자 아이는 스스로 손수건을 가방에 넣기도 하고, 손수건을 잊고 집에 놓고 오기도 했다. 어느덧 7살이 된 아이에게 손수건 이야기를 들려주니, 전혀 그런 일이 없었다는 듯 웃었다. 때가 되면 스스로 고쳐지는 행동에 대해서는 애써 노력을 하지 않아도 된다. 아이가 컸을 때 전혀 기억을 못하는 경우가 많다.

아이가 손수건을 들고 다니는 행동을 없애려 하지 않고, 손수건을 들고 다니는 마음을 존중해주니 행동이 사라졌다. 지식육아는 행동에 중점을 두고 습관육아는 마음에 중점을 둔다.

지식육아는 보상과 벌을 사용하지만, 습관육아는 자기 스스로 하고 싶은 마음을 일게 하는 환경을 사용한다.

지식육아는 아이만 자라도록 하고, 습관육아는 엄마와 아이가 함께 자라도록 한다.

지식육아의 핵심은 엄마의 정보에 의해 되풀이하는 과정이고, 습관육아의 핵심은 마음에 의해 저절로 지속되는 과정이다.

지식육아의 내용은 지식, 정보와 행동기술이고, 습관육아의 내용은 올바른 가치관, 지혜, 마음기술이다.

지식육아를 하면 많은 정보를 가진 똑똑한 아이가 되고 다양한 행동기술을 익히게 된다. 교육 효과가 즉시 나타나는 장점이 있다. 단점으로 교육 효과가 단기적으로 나타나며, 엄마의 노력보다 돈이 많이 든다.

습관육아를 하면 스스로 도덕적으로 판단하고 문제를 해결하는 생각하는 아이가 된다. 다양한 마음기술을 익혀 조절력을 갖는다. 교육 효과는 늦게 나타나지만 효과는 지속적이고 크다. 돈은 안 들지만 엄마의 노력이 많이 든다.

구분	지식육아	습관육아
형태	행동습관	마음습관
대상	아이	엄마, 아이
방법	보상과 벌을 사용	자기 스스로 하고 싶은 마음을 일어나게 하는 환경 사용
핵심	엄마의 정보에 의해 되풀이하는 과정	아이의 마음에 의해 자기 스스로 되풀이하는 과정
내용	정보, 지식, 행동기술	올바른 가치관, 지혜, 마음기술
장단점	1. 많은 정보를 배워 똑똑한 아이가 된다. 2. 다양한 행동기술을 익힌다. 3. 교육적 효과가 즉시 나타나지만, 단기적이다. 4. 엄마의 노력보다 돈이 많이 든다.	1. 스스로 판단하고 문제를 해결하는 경험으로 생각하는 아이가 된다. 2. 다양한 마음기술을 익힌다. 3. 교육의 효과는 늦게 나타나지만 지속성이 있다. 4. 돈은 안 들지만 엄마의 노력이 많이 든다.

요즘 사춘기가 무섭다고 한다. 사춘기가 무서운 이유는 안정애착보다 불안정애착을 가진 아이들이 많아지고, 행동에 중점을 두고 교육하는 지식육아의 결과 때문이다.

습관육아로 자란 아이들은 사춘기도 아니온 듯 넘길 것이고, 방황을 하다가도 자리로 돌아오는 마음의 탄성이 있다. 친구 따라 강남 갈 일도 없는 자존감이 높은 아이가 된다.

부모는 죽을 때까지 자식 걱정을 한다고 하지만, 습관육아로 아이를 키우면 평생 자식 걱정은 할 일이 없다.

02
나를 바꾸다

결혼하기 전 아이들의 문제 행동을 지도하는 방법을 배우기 위해 〈우리 아이가 달라졌어요〉를 즐겨 시청했었다. 이 프로그램에 나오는 아이들의 행동은 하나같이 심각한 수준이었는데, 사자 같았던 아이가 순한 양같이 달라지는 모습이 신기했다. 전문가들은 아이의 행동을 바꾸기 위해서 엄마의 양육방법을 바꾸었다.

습관육아도 〈우리 아이가 달라졌어요〉처럼 남편, 아이의 습관을 바꾸기 위해서 엄마의 마음(양육 방식)을 바꾸는 육아다. 습관육아를 하면 우리 집이, 육아관이, 세상이, 인생이 달라진다.

습관육아를 하기 전인 결혼 초에는 이혼하고 싶었던 적이 있다. 드라마에서 달콤한 사랑만 하고 살 줄 알았는데 결혼은 현실이었다. 삶의 방식이 다른 남자와 여자가 한 집에 사니, 사소한 것도 계속 부딪쳤다. 남편뿐만 아니라 시댁과의 문제도 스트레스였다.

여자는 남자의 사랑을 받을 때 행복하고, 남자는 여자의 존경을 받을 때 행복하다고 한다. 남편의 사랑이 부족해서 행복하지 않다고 생각했다. 사랑습관이 없는 남편에게 사랑을 요구하고 시댁이 사랑해주기를 바랬다. 상대가 변화기를 바라는 일은 감나무에서 사과가 떨어지기를 바라는 마음과 같다. 사과가 생기길 바라면 사과나무로 가서 사과를 따야 하는데, 감나무로 가서 사과가 떨어지기를 바랬다.

남편도 당시 "결혼은 무덤이다. 혼자 살고 싶다"는 말을 자주 했다. 미혼인 후배들에게 "혼자 살아. 결혼하더라도 선생님하고는 절대 하지 말라"고 조언했다.

남편은 포근하고 사랑스런 향기를 품은 아내의 모습을 꿈꿨을 것이다. 하지만 아내는 잘못된 행동을 바로잡고 자기 기준이 항상 옳은 선생님이었다. 남편이 결혼 초에 가장 듣기 싫은 말이 "여보, 이리 와서 이야기 좀 하자"였다고 한다. 나는 대화를 했지만, 남편은 선생님에게 가르침을 받는 학생이 된 기분이었다고 한다.

우리 부부의 갈등의 차이는 '지식의 차이'가 아니라, 습관을 바라보는 '시각의 차이'였다. 우리 부부는 30년 넘게 각자의 부모 삶의 방식을 물려받으며 살았다. 삶의 방식이 같은 점도 있지만 다른 점도 있다. 다른 점을 각자의 기준 안으로 집어넣으려고 하면 다툼이 된다.

예를 들어 사과를 먹는데 남편은 깎아 먹고 아내는 껍질째 먹는 방법에 익숙해져 있다면, 어느 한쪽에서 사과를 먹는 방법이 다를 수 있다고 이해의 폭을 넓혀주면 된다. 이해의 폭을 넓혀 주기 위해서는 대화를 해야 한다. 소통하지 못하면 병이 생긴다. 대화를 하지 않는 부부는 한 집에 사는 남자와 여자일 뿐이다.

관계치료의 세계적인 권위자인 존 가트맨 박사는 부부 관계가 악화되어 이혼으로 치닫는 원인은 부부 사이의 대화 내용이 아니라 '대화방식 때문'이라고 밝혔다. 존 가트맨 박사는 40여 년 동안 3600쌍의 부부를 연구하면서 부부의 대화를 듣고 94% 정확도로 이혼을 예측한다고 했다.

존 가트맨의 연구를 바탕으로 교육학, 인간 발달학, 뇌과학 등을 접목하여 한국 정서에 맞게 소개하는 최성애 박사님 부부의 감정코칭을 배우면서 남편의 대화방식을 이해하게 되었다. 대화의 종류에는 서로 다가가는 대화, 서로 멀어지는 대화, 서로 원수가 되는 대화가 있다.

남편이 주로 사용하는 대화는 '담 쌓기와 비난의 말'이었고, 내가 주로 사용하는 대화의 종류는 '명령, 무시'였다. 우리 부부는 결국 이혼에 이르게 된다는 서로 '멀어지는 대화, 원수가 되는 대화'를 주로 사용하고 있었다. 세상은 아는 만큼 보이는 법이다. 내가 먼저 알았으니 보는 시각의 차이를 바꾸면 될 일이었다. 나는 남편을 바꾸려고 더 이상 애쓰지는 않았다. 〈우리 아이가 달라졌어요〉의 처방처럼 우리 남편이 달라지게 하기 위해서 나의 대화방식을 바꾸기로 결심했다.

남편의 대화방식에 상처받지 않고 묵묵히 공감하고 경청하며, 다가가는 대화를 사용한다. 남편이 알아서 대응해주기를 기다리지 않고 내가 원하는 것을 부드럽게 요청한다. 요청했을 때 들어주면 감사하고 안 들어줘도 잘못 만난 남편 탓하지 않고 나의 감정을 다스린다.

부모의 대화방식이 바뀌면 아이와도 소통이 된다. 소통은 기를 원활하게 한다. 가정 안에 좋은 기가 원활해지면 분위기가 달라지고, 분위기가 달라지면 사랑의 크기도 달라진다.

상황과 상대를 바꾸는 유일한 키는 나를 먼저 바꾸는 일이다. 나를 바꾸는 일도 남편을 위해 자식을 위해 바꾸지 말고, 자신의 행복을 위하는 마음으로 하자.

엄마들은 가정을 위해 헌신적인 삶을 살아야 한다고 생각한다. 헌신적인 삶의 정의는 시대적 차이는 있겠지만 말이다.

타인을 위해 사는 삶은 행복을 거두어 간다. 남편을 위해, 자식을 위해, 시댁을 위해 사는 엄마들의 마음 안에는 보상과 인정의 요구가 깔려 있다. 그들에게 나의 노력이 인정받지 못하거나 보상받지 못했을 때 화가 난다. 다른 사람으로 인해 생긴 화는 쌓이면 분노가 된다. 분노는 사람의 건강한 에너지를 뺏어 간다.

타인을 위한 삶을 살고 있다면 정리할 때가 되었다. 나는 시댁의 잘한다는 인정이 없을 때 상처가 된다는 것을 경험했기 때문에 더 이상 '시댁을 위해' 잘하려고 애쓰지 않는다. 시댁을 위해 하는 일이 아니라 '나의 도리를 위해' 하는 일이다. 나의 도리를 한 것으로 끝이다. 인정이나 보상은 나의 과제가 아니라 시댁의 과제다.

지금은 남편을 위해, 자식을 위해, 시댁을 위해 살지 않고 '나를 위해' 산다. 매일 하는 요리지만 가족을 위해서가 아니라, 오늘 하루 수고한 나를 위한 것이고, 가족에게 맛있는 음식을 먹이는 게 나의 행복이기 때문에 나를 위한 것이다. 나를 위해 살면 요리가 맛이 없다는 평가도 섭섭하지 않다.

요리하는 행위도 먹는 사람들도 같지만 가족을 위한 희생이 아니라 나의 행복이라고 마음을 바꾼 것이다. 남편과의 갈등도 해결하기 위해서가 아니라, 나를 위해서 마음을 달리했을 뿐이다. 하지만 이것은 이기적인 행동과는 분명히 구별된다.

습관육아도 아이를 위해 한다는 마음으로 하면 아이가 해내지 못했을 때 화가 난다. 엄마의 행복을 위해 습관을 만든다는 마음으로 하면 된다. 아이를 바꾸려 하기보다 엄마가 성장하면 된다. 내가 행복해하는 모습을 직접 눈으로 본 남편은 선택적으로 습관을 만들어 가고 있고, 부모의 모습을 보고 자라는 아이도 선택적으로 습관을 만들어가고 있다. 남편과 아이의 선택은 그들의 몫이다.

나를 위한 습관을 가꾸어 가면 하루하루가 행복하고 감사하다. 더불어 매일 성장할 수 있다. 가족 중에 한 명이라도 습관육아를 하면 우리 집이 달라지는 경험을 할 수 있다. 가족 중에 한 명이 가정에 행복을 생산하는 엄마이면 더 좋다. 나를 둘러싼 인적, 물적 환경은 그대로고 나만 바뀌었을 뿐인데 우리 집이 달라지고 있다.

03
엄마습관, 아이습관

아이는 낳아준 엄마를 닮을까? 기르는 사람을 닮을까? 외형적인 모습은 낳아준 부모를 닮지만, 성품, 생활방식, 가치관 등의 내면은 기르는 사람을 닮는다. 부부도 살면서 생각, 가치관, 생활방식이 닮은 꼴이 된다. 같이 살면 닮아간다. 특히 어릴 때일수록 절대적인 영향을 받는다.

갓 태어난 오리가 처음 보이는 대상을 어미라 습득하여 따라다니는 콘라트 로렌츠의 각인 연구는 이후 사람에게도 일어난다는 것이 밝혀졌다. 집안 사정으로 이 기회를 상실한 아이는 이후에 부모와 다시 합쳐도 부모와의 애착관계에 문제가 생기며, 주의력 결핍, 우울증 등 다양한 정서장애를 앓게 될 위험이 커진다고 한다. 애착은 정서적인 영역과 관련하여 반응하기 때문에 가볍게 보면 안 된다. 각인 이론으로 보면 '갓 태어난 아이가 늑대랑 살면 늑대의 습성을 습득하고, 양이랑 살면 양의 습성을 습득한다'

는 해석도 가능하다. 실제로 늑대와 살면서 늑대의 습성을 가지게 된 아이를 발견한 늑대인간의 이야기도 있다. 각인은 습관육아에 많은 것을 시사한다. 엄마들에게 질문을 하면 99%가 다음과 같이 대답한다.

대학생을 늑대와 살게 하면 늑대의 습성을 습득할까요? 아니요.
중학생을 늑대와 살게 하면 늑대의 습성을 습득할까요? 아니요.
초등학생을 늑대와 살게 하면 늑대의 습성을 습득할까요? 아니요.
유치원생을 늑대와 살게 하면 늑대의 습성을 습득할까요? 네 (50%),
아니요 (50%).
신생아, 영아들을 늑대랑와 살게 하면 늑대의 습성을 습득할까요? 네.

엄마들도 습성을 습득하는 시기를 알고 있다. 그렇다면 이 중요한 시기에 엄마는 어떤 모습으로 살아야 할지 답해보자.

아이들을 늑대와 살게 하고 싶은가요, 사람과 살게 하고 싶은가요?
늑대나 사자같이 으르렁대는 습성을 가진 사람과 살게 하고 싶은가요,
양처럼 온화한 습성을 가진 사람과 살게 하고 싶은가요?

아이가 살게 하고 싶은 모습으로 엄마가 살아주면 된다. 엄마습관이 곧 아이습관이 된다. 늘 말하지만 시험문제에는 정답이 있지만 아이 기르는 일에는 정답이 없다. 해답만 있을 뿐이다. 내 아이는 책 속에서 나온 것도,

강의 속에서 나온 것도 아니고, 내 배 속에서 나왔다. 여러 전문가들의 정보를 듣고 나와 아이에게 적절한 방법을 선택하거나 만들면 된다.

친정 부모님께 나는 존댓말을 사용하지 않지만 뇌, 인성, 말 등과 연관된 존댓말의 힘을 알게 된 후에 내 아이에게는 존댓말을 가르쳐야겠다고 생각했다. 어른의 존댓말 사용을 모델링하라는 의도로 교사와 엄마가 어린 아이에게 존댓말을 사용하는 경우가 있다. 잘못된 방법이다. 존댓말은 어른에게 사용하는 말법이지 아이에게 사용하는 것이 아니다. 대신 어른에게 존댓말하는 모습을 보여 주어야 한다.

아이가 문장으로 말하기 시작할 때 반말을 사용하면 아이의 말을 받아 '~요'를 붙여 다시 들려주고 따라하게 하는 경우도 있다. 이것도 잘못된 방법이다. 엄마가 존댓말을 사용하면 아이의 존댓말을 따로 가르치지 않아도 엄마의 말습성을 습득한다. 아이에게 존댓말을 가르치거나 존댓말을 사용할 게 아니라, 남편에게 존댓말을 사용하면 된다. 남편에게는 반말을 사용하면서 아이에게 존댓말을 사용하라는 것은 가짜 존댓말을 가르치는 경우가 된다. 아마도 친정 엄마를 1년에 서너 번 이상 뵙는 상황이라면 존댓말로 바꾸었을 지도 모르지만, 아이를 의식해서 부분적으로 사용한다.

나는 남편을 '오빠'라고 부르고 반말을 썼는데, 아이에게 존댓말을 가르쳐야겠다고 생각한 순간부터 호칭을 바꾸고 존댓말로 바꾸었다. 100%로는 못 바꾸었고 80% 정도 바꿨다. 존댓말은 존중과 배려가 담긴 말이다. 말끝에 '~요'만 붙이는 것은 가짜 존댓말이다. 상대를 존중하는 마음을 담아야 한다.

집에서 부부 간에 존댓말을 사용하고, 아이가 7살 정도 되면 때때로 가르침이 필요하다. 예를 들면 "아빠 언제 와요?"라고 물으면 "아빠는 왔다 갔다 하는 분이 아니고, 오시고 가시는 분이다"라 말해주고, 나도 남편에게 물을 때 신경 써서 "언제 오세요?"라고 한다.

스마트폰 사용으로 골머리를 앓고 있는 부모들이 많다. 스마트폰은 생활의 필수품이 되어버렸다. 나도 핸드폰을 잊어버리고 놓고 나가는 날은 몹시 불안해서 다시 가지러 오거나 빨리 집에 들어온다. 스마트폰으로 소통하는 시간도 많은 편이다. 스마트폰 중독은 전인 발달에 나쁜 영향을 주기 때문에 각별히 신경 쓰는 부분 중 하나다.

아이가 어릴 때는 엄마의 권위로 통제가 될 수 있었지만 7살쯤 되니, 엄마의 통제를 벗어나 몰래 동영상도 보고 게임도 하려고 했다. 그래서 그즈음부터 아이가 집으로 돌아오는 시간에는 핸드폰을 눈에 보이지 않는 곳에 엎어 두고 거의 사용하지 않았다. 카톡이나 문자수신 소리는 무음으로 바꾸어 놓고, 전화가 올 경우에는 수업 중이니 나중에 전화한다는 메시지로 돌리거나, 전화를 받아도 아이와 함께 있는 시간이라 통화가 어렵다고 양해를 구한다.

초등 1학년이 되자 스마트폰을 사달라고 했다. 엄마가 먼저 노력하는 모습을 보이고 아이에게 뇌와 스마트폰 사용에 대한 영상을 보여주었다. 스마트폰을 사용의 부정적인 영향을 말과 행동으로 보여주었다. 스마트폰의 좋은 점, 나쁜 점을 하브루타(유대인 토론식 교육) 수업으로 다룬 후 아무리 요구해도 사줄 수 없으며, 성인이 된 19세 이후에 가능하다는 입장을 단호하게 말했다. 그 이후는 스마트폰에 대한 이야기를 하지 않는다.

문제는 아빠다. 스마트폰으로 게임하면서 혼자 키득거리기도 하고, 스마트폰을 너무나 사랑해서 눈길을 떼지 못한다. 항상 문젯거리(?)가 되는 아빠는 그냥 두기로 했다. 엄마가 얼마나 노력하고 있는지만 유세를 한다. 양심이 있다면 아이를 위해 애쓰는 엄마의 노력에 미안해서 사용을 줄이겠거니 하는 마음으로 그냥 둔다. 양심을 안 보여줘도 어쩔 수 없다.

가정에 리더는 아빠여야 하지만, 습관의 리더는 엄마여야 한다. 엄마랑 함께하는 시간이 많고, 엄마랑 아이는 한 몸에서 살았기 때문에 습관의 리더는 엄마다. 리더가 필요한 것은 책임질 사람이 필요하기 때문이다.

아이 습관은 엄마의 책임이다. 애착과 발달에는 결정적 시기가 있지만, 습관육아에는 결정적 시기가 없으니 민감하지 않아도 된다. 영유아기에 시작하면 좀 더 쉽게 할 수 있다는 장점이 있지만, 성인이 된 후에도 마음을 일으키면 습관을 바꿀 수 있다. 습관육아는 마음을 일으켜 습관을 만들고 바꾸기 때문에 언제라도 가능하다.

친정 엄마의 삶의 방식이 불만스러울 때마다 엄마처럼 살지 않겠노라고 했다. 나쁜 것을 자식에게 가르치는 부모는 없다. 한 집에 살면서 배우게 되었을 뿐이다. 엄마처럼 살지 않겠노라고 해놓고 똑같이 내 아이에게 하고 있을 때 흠칫 놀란다. 엄마 노릇을 하고 있는 방식의 대부분은 친정 엄마의 방식이다.

친정 엄마에게 받은 것 중에 따라하고 싶은 노릇과 하지 말아야 할 노릇을 '선택하고 적용하는 것'은 엄마가 할 수 있는 일이다. 이것을 '대물림을 끊어 낸다'고 하는데 대물림을 끊어 내는 과정은 마음먹기에 따라 어려울 수도 있지만, 행동은 마음을 따라다니는 그림자 같아서 마음을 움직이면 행동이 쉽게 움직인다.

잘못된 점이 있을 때 뽑아내고 없애버리기보다 받아들이거나 관점을 바꾸어 주는 방법도 있다. 그럴 수밖에 없었던 엄마를 이해하면 마음이 편안해진다. '친정 엄마 때문에 행동을 하고 있어'를 관점을 바꾸면 '친정 엄마의 행동이 정말 싫었어. 나는 아이에게 하지 말아야지'가 되어 친정 엄마 덕분에 행동을 자제할 수 있게 된다.

아이의 행동을 바꾸려 하지 말고, 엄마의 관점을 바꾸면 아이의 행동은 바뀐다. 내 아이는 정리하는 습관이 없다. 방문을 열면 싹 쓸어 모아 쓰레기통에 버리고 싶은 마음이 생길 만큼 방이 지저분하다. 친정 엄마가 주로 사용하셨던 '돼지우리가 따로 없네'라는 말을 하고 싶을 때도 있다. 나는 관점을 바꾸어 말한다.

"창의적인 아이가 정리하기를 어려워한다는데 우리 딸 창의성이 오늘도 많이 자랐네. 엄마는 창의적인 어린이도 좋고, 정리하는 어린이도 좋더라."

엄마의 말이 마음으로 들어간 날은 정리를 깨끗이 한다. 정리습관으로 우리 모녀는 스트레스 받지 않는다.

잡초가 무성한 밭에 잡초를 뽑아 없애는 방법도 있지만, 양질의 작물을 심는 방법도 있다. 양질의 작물을 심는 농부는 엄마다. 아이의 잘못된 행동을 잡초처럼 뽑아내려고 하지 말고, 양질의 작물과 같은 엄마 습관을 아이의 마음밭에 심어주자. 엄마 습관이 아이 습관이 된다.

04
가르치지 말고 가르쳐라

아이들은 배울 권리가 있고, 교사는 가르칠 의무가 있다. 가정에서 교사는 엄마다. 엄마들은 아이들의 권리를 존중하고 의무를 다하려고 너무 노력한다. 잠자는 시간만 빼고 아이들은 배우고 엄마들은 가르친다. 고학년으로 올라갈수록 잠자는 시간도 줄어든다. 엄마들의 가르침은 눈뜨는 순간부터 시작된다.

"일어나라, 세수해라, 학교 가서 선생님 말씀 잘 들어라."

학교에서는 선생님의 가르침이, 하교 후에는 사교육 선생님들의 가르침이, 틈틈이 엄마의 가르침이 있다. 아이들은 배움 중독이고, 엄마들은 충고 중독, 가르침 중독이다.

아이들을 가르치면서 아이들이 하는 말 중에 가장 무서운 말은 "선생님 어떻게 해요?"다. "넌 어떻게 하고 싶니?"라고 물으면 아이들의 반응은

3가지다.

"몰라요."/"빨리 알려주세요."/"……."(침묵)

엄마들은 하루 종일 가르치지만 아이는 배우지 못하고 있다. 무엇인가를 아이에게 가르치고 싶다면 행동으로 보여주어야 한다. 부모가 행동으로 보이지 않기 때문에 어제도 했던 가르침의 잔소리를 오늘도 하고 내일도 하게 된다.

이런 현상은 습관육아를 하지 않고 지식육아를 한 결과다. 엄마가 따라다니면서 가르치지 않아도 아이가 스스로 척척 한다면 얼마나 좋을까? 역지사지해 보는 경험으로 아이의 생활을 일주일간 체험해보는 시간이 있었으면 좋겠다. 우리나라에 소아정신과가 늘고 있는 현실이 내 아이와는 상관없는 일이 아님을 알게 될 테니까.

'가르치지 말고 가르치라'는 말에는 두 가지의 의미를 담고 있다.

무엇을 가르칠 것인가? / 어떻게 가르칠 것인가?

무엇을 가르칠 것인가?

영유아 대상으로 하는 강의에서 엄마들이 가장 많이 하는 질문이 '아이들의 행동 수정을 위한 엄마들의 양육기술'이다. 나는 인공지능의 시대를 살기 시작한 아이들에게 필요한 것은 로봇이 할 수 있는 지식과 기술이 아님을 설명해준다. 정말 작은 행동들에 고민하고 걱정하는 엄마들에게 우리 아이들은 큰일을 할 아이들이니 작은 일에 예민하게 키우지 말고, 크게 키우자고 한다. 쉽게 말하면 큰 그림을 보자는 거다.

　큰 그림으로 아이들에게 가르쳐야 할 것은 '올바른 가치관'이다. 가치관은 지식과 기술로 가르칠 수 없다. 내 삶의 방식으로 가르쳐야 한다. 가치관으로 자녀를 훌륭하게 키운 엄마들이 많지만, 내 마음을 움직인 분은 안중근 의사의 어머니이다. 위인으로 안중근 의사의 어머니도 선정이 되어야 한다고 생각한다. 안중근 어머니의 편지를 자주 읽는다. 읽을 때마다 존경심이 샘솟는다. 엄마의 가치관이 어때야 하는지를 깨닫게 해준 글이다.

옳은 일을 하고 받는 형이니 비겁하게 삶을 구걸하지 말고
떳떳하게 죽는 것이 이 어미에 대한 효도인줄 알아라.
살려고 몸부림하는 인상을 남기지 말고 의연하게 죽으라.
네가 만약 늙은 어미보다 먼저 죽은 것을 불효라 한다면 어미는 웃음
거리가 될 것이다. 너의 죽음은 너 한 사람 것이 아니라 조선인 전체의
공분을 짊어진 것이다.
네가 나라를 위해 이에 이른 즉 딴 맘먹지 말고 죽으라.
사형선고 받은 것이 억울해 항소를 한다면 그건 일본에게 목숨을 구걸
하는 짓이다.
너는 대한을 위해 깨끗하고 떳떳하게 죽어야 한다.
아마도 이 편지는 어미가 너에게 쓰는 마지막 편지가 될 것이다.
여기에 너의 수의를 지어 보내니 이 옷을 입고 가거라.
어미는 현세에서 너와 재회하기를 기망치 아니하노니
내세에는 반드시 선량한 천부의 아들이 되어 이 세상에 나오너라.

비겁하게 삶을 구걸하지 말고 의연하게 죽는 것이 효도라고 말하는 엄마다. 나라를 위해 딴 맘먹지 말고 죽으라는 엄마다. 옳은 일이라면 목숨을 내놓고서라도 해야 한다는 엄마다. 편지 구절구절마다 엄마의 가치관이 전해진다.

만약 나에게 같은 상황이 일어난다면 나라를 위해 의연하게 죽으라고 말할 수 있을까? 안중근 의사의 어머니를 닮고 싶다. 내 아이도 '목숨만큼 옳은 일을 중히 하고, 나를 위해서가 아니라 나라를 위해 살고, 비겁하게 구걸하지 말고 의연하게 살지 못한다면 죽은 삶이다'라는 가치관을 가졌으면 한다.

'책을 안 읽으려고 해요. 어떻게 해야 하나요? 영어는 언제부터 시켜야 하나요? 책은 언제까지 엄마가 읽어주어야 하나요? 한글은 언제부터 하는 게 좋을까요?' 등을 고민하고 묻기보다 내 아이가 어떠한 가치관으로 살아가기를 원하는지 스스로에게 물어야 한다. 엄마의 가치관이 확고하면 무엇을 가르칠 것인가도 확실해진다.

어떻게 가르칠 것인가?

아이들에게 위인전을 읽히지 않는 부모들은 없다. 위인전을 읽히는 이유는 위인의 삶, 가치관을 배워서 위인들처럼 훌륭하게 살라는 뜻이다. 위인전에 나오는 위인들은 말 그대로 위인들이다. 훌륭하신 분들이다. 하지만 위인전에 나오는 인물들을 가까이에서 보고 느끼며 배울 수는 없다. 위인들의 업적을 지식으로 가르치는 것은 지식육아다.

아이들에게 문자로만 하는 공부보다 직접 체험하는 공부의 효과가 크다. 그래서 주말이면 박물관, 체험장이 북적인다. 그런 곳에 돈 쓰고 시간 쓰는 것보다 더 효과적인 것은 가정에서의 엄마 삶 체험이다. 아이들이 볼 수 없는 위인들의 이야기를 들려주려고 애쓰지 말고, 엄마가 아이들에게 위인이 되어 주면 된다. 목숨을 바쳐 나라를 구하는 위인까지는 아니더라도 올바른 가치관으로 살고 있는 모습으로 보여주면 된다. 길을 가다가 돈을 주웠을 때 공돈이 생겼다고 눈이 휘둥그래져서 좋아하는 모습보다 돈의 주인을 찾아주려는 노력이 아이에게 위인의 모습이다.

아이는 부모가 어떤 지식으로 가르치느냐에 따라 달라지는 것이 아니라, 부모가 어떤 모습으로 사느냐에 따라 달라진다. 어릴 때는 습관육아의 비중을 더 많이 두고, 자라면 지식교육에 비중을 더 많이 두면서 습관육아와 지식육아의 비중을 나이와 아이의 발달에 따라 엄마가 균형을 조절해주면 된다.

05
습관육아 세팅하기

'사공이 많으면 배가 산으로 간다'는 속담이 있다. 대한민국의 엄마들이 사공이 되면 배를 산으로 가게 하는 것은 식은 죽 먹기다. 좁게는 육아를, 넓게는 교육이 산으로 가고 있음을 비판하는 필자의 표현이다.

엄마들은 아이를 잘 키우고 있는지 엄마 노릇을 잘 하고 있는지 늘 불안하다. 잘 키우고 싶은 욕심이 불안함을 갖게 하고, 불안한 마음이 힘센 사공을 만든다. 사공들이 모여 배를 산으로 올린다. 배를 산으로 이끄는 것은 잘 키우고 싶은 욕심 때문이다. 당연히 잘 키우고 싶은 욕심을 내려놓으면 배는 물 위를 다닌다.

쉽게 하는 습관육아도 잘하고 싶은 욕심을 가지고 시작하면 어렵다. 습관의 習(습)은 새가 날갯짓 백 번을 해서 익힌다는 뜻을 가지고 있다. 한 가지 행동방식을 지속적으로 백 번 하는 것은 항상성이라는 방해꾼만 없으면 어렵지 않다.

신년 초에 계획을 세우고 작심삼일을 하게 되는 것은 지속적으로 백 번 하는 것보다 원래의 습성으로 돌아가려는 '항상성'이 더 강하기 때문이다. 이 항상성을 이기지 못하면 습관은 들이기 어렵다. 해마다 하는 다이어트와 금연의 실패는 항상성에 진 것이다.

남자들의 세계에서 담배를 끊으면 강한 사람(독한 사람)이라고 한다. 항성을 이기면 강한 사람이 된다. 세상에서 가장 강한 사람은 자기를 이기는 사람이다. 자기를 이기는 힘은 '어릴 때부터 자기를 인식하고 조절'하는데서 나온다.

자기를 인식하고 조절하며 습관육아를 쉽게 하기 위해서는 '자기 스스로'와 '~하고 싶은 마음'만 있으면 된다.

첫째, 아이에게 '자기 스스로'를 챙겨주자.

요즘 아이들에게 '자기'만 있고 '자기 스스로'는 없다. 자기와 자기 스스로의 차이는 의타적이냐 주도적이냐의 차이다. 남에게 의지하는 의타적인 아이로 키우고 있는지, 자기 스스로인 주도적인 아이로 키우고 있는지 생각해보자.

언제부터 스스로 할 수 있다고 생각하는가?
지금부터 하고 있다. / 아직 어려서 조금 더 크면 할 예정이다.

스스로 하고 있는 일이 몇 가지인가?

생활의 대부분이다. / 서너 가지 정도다.

전자에 손을 든다면 자기 스스로의 주도적인 아이로 키우고 있고, 후자에 손을 든다면 의타적인 아이로 키우고 있다. 내가 만난 엄마들은 후자쪽이 많았다. '연령에 따라 다른 것 아닌가?'라고 반문할 수 있지만, 반문을 한다는 것은 후자쪽 양육(발달과업을 엄마가 대신해 줌)을 하고 있다는 뜻이다.

연령에 따라 발달과업이 있다. 발달과업은 층계형식으로 이루어지므로 연령에 맞는 발달과업을 해야 다음 단계의 발달과업을 쉽게 할 수 있다. 아이가 좀 더 크면 할 수 있는 것이 아니라, 아이의 연령에 맞게 지금부터 하고 있어야 한다.

예를 들면 이유식을 먹는 시기에는 아이 스스로 손을 움직여서 먹게 해야 한다. 기저귀를 갈 때는 스스로 기저귀를 갈 수는 없지만, 길 수 있는 아기라면 기저귀를 아이가 직접 가지고 오게 해야 한다. 시키면 다 할 수 있다.

아이들이 해야 하는 일을 '아이가 어리다', '안쓰럽다' 등으로 엄마가 다 해주는 것은 아이 스스로 주도적인 삶을 살아가는 권리를 뺏는 일이다. 엄마 일 하기도 힘든데 아이들이 해야 하는 일까지 엄마가 다 하니 더 힘들다. 나는 아이 6살부터 세수하고, 옷 꺼내 입고, 목욕하고, 이 닦고를 혼자 하도록 했다. 목욕만 혼자 해도 엄마 일이 편하다. 아이들이 어려서 못하는 게 아니라 기회를 안 줘서 안 하는 거다. 아이들에게 할 일을 주는 것은 노동을 시키는 것이 아니라, 자기 주도성을 키우는 교육의 기회다. 아이들에게 할 일을 돌려주면 엄마 일도 줄고 잔소리도 줄어든다. 엄마가 힘들게 아이가 해야 할 일까지 도맡아 하면서 의타적인 아이로 키우지 말고 주도적인 아이로 키우면서 쉽게 살자.

둘째, '~하고 싶은 마음'을 챙기자.

하고 싶은 마음이 들면 하지 말라고 말려도 한다. 나는 아침잠이 무척 많다. 평생 아침 일찍 일어나는 일은 절대 못할 줄 알았다. 아침잠이 많은 사람으로 태어났다고 생각했다. 그런데 '원래부터' 그런 사람은 없다. 갓 태어난 아이에게 원래라는 말은 어울리지 않는 단어다. '나는 원래 그런 사람이야'라는 말은 '좋은 습관보다 나쁜 습관을 많이 가졌고, 작심삼일을 하는 사람이야'라는 말과 같다. 습관육아를 쉽게 하려면 '원래'라는 말을 멀리 해야 한다.

쓰기습관이 생기면서 아침잠이 많았던 것은 원래부터가 아니라 살아온 방식이었다는 것을 알게 되었다. 글을 쓰고 싶은데 일하고, 운동하고, 책 읽고, 꿈 가꾸고, 엄마 노릇, 집안일하느라 아무리 시간을 쪼개도 틈이 나질 않았다.

쓰고 싶은 마음이 커지니 아침에 일찍 일어나고 싶은 마음이 생겼다. 처음에는 5시 기상을 했다. 하고 싶은 마음으로 하니 벌떡 일어나진다. 아침 글쓰기에 점점 깊이 빠져들어 기상 시간을 4시로 3시로 당겼다. 원래 아침잠이 많은 체질이라 시도해 볼 생각도 없었는데, 글을 쓰고 싶은 마음이 이겼다. 몸이 적응할 때까지는 낮에 졸려서 몸이 힘들었지만 마음은 행복했다. 습관이 된 지금은 아무리 피곤해도 같은 시간에 눈이 떠진다. 그동안 약간 불면증이 있다 생각했는데 요즘은 숙면을 한다.

나는 아이가 흘려듣도록 의도하고 아침형으로 사는 즐거움을 남편과 만나는 사람들에게 이야기한다. 듣고 있을 아이를 의식해서 얼마나 위대한 일을 하고 있는지 조금 자랑하듯이 이야기한다. 남편도 아내의 변화가 대견스러운지 지인들에게 자랑하듯 이야기한다. 아이에게 지금 순간 위대한 인물은 위인전에 나오는 인물이 아니라 우리 엄마다.

놀고도 싶고 책도 읽고 싶은 아이가 시간이 없다며 툴툴댔다.

"엄마도 하고 싶은 것들이 있었는데 시간이 없어서 못했던 적이 있었어. 꼭 하고 싶은 일이라 아침에 조금 일찍 일어나서 하니 참 좋더라."

조금도 강요하지 않고 한번만 이야기했다. 등교시간에 임박해서 일어나던 아이가 매일은 아니지만 6~7시에 일어나 책을 읽는다. 아이에게 강요하지 않았지만 내 삶의 모습으로 아이를 변화시키고 있다.

아이를 양육하는데 명령과 보상은 독이 된다. 습관육아에서도 마찬가지다. 일찍 일어나는 행동에 대한 보상은 읽고 싶었던 책을 읽으면서 아이 스스로 받고 있다. 엄마는 "일찍 일어나서 읽고 싶은 책 읽어서 좋겠다"라며 스스로 보상을 받고 있다는 것을 확인시켜 주면 된다.

매일 일찍 일어나기를 명령하지 않는다. 무엇인가를 하려고 하는데 명령받으면 하고 싶은 마음이 사라진다. 하고 싶은 마음은 아이의 것이지 엄마의 것이 아니다. 아이가 하고 싶은 마음이 들 때 일어나면 된다. 하고 싶은 마음이 매일 생기면 저절로 습관이 될테니까.

유치원에 근무할 때 차량운행을 해주시는 환갑이 넘은 안전선생님이 계셨다. 유치원에 수리해야 할 일이 있으면 도움을 받았다. 부탁하기가 미안해서 습관처럼 "안전선생님, 큰일났어요"라는 말로 시작을 하면 안전선생님은 "큰일을 쪼개면 작은 일이 돼. 걱정을 하덜덜덜 말어"라고 말씀하셨다.

농담 속에 삶의 지혜가 담긴 말씀이다. 어렵게 느껴지는 큰일도 쪼개면 쉬운 작은 일이 된다. 원래부터 쉬운 습관육아는 없다. 쉽게 하면 쉬워진다. 크고 작은 일, 쉽고 어려운 일은 마음먹기에 달렸다. 습관육아의 키워드는 '자기 스스로 하고 싶은 마음'을 갖도록 만들어주는 것이다.

제 4 장

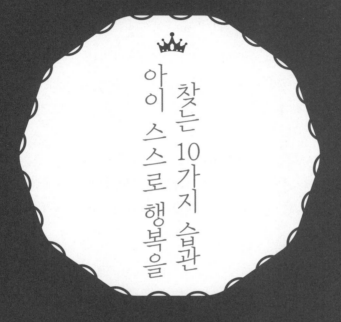

아이스스로 행복을 찾는 10가지 습관

습관육아는 나와 내 아이가 삶으로 실천하고 있는 것으로 결코 어렵지 않다. 평범한 내가 했고 마음이 아팠던 아이가 하고 있다면 어느 누구나 할 수 있다. 여기에서 소개하는 것은 크게 10가지 습관육아로 읽는 습관, 말습관, 인성습관, 생각습관, 사랑습관, 꿈습관, 감정습관, 행복습관, 공부습관, 쓰는 습관이다.

이 습관들은 순서와 중요도가 따로 있는 것은 아니니 하고 싶은 것을 먼저 선택해도 되고 할 수 있는 것을 먼저 선택해도 된다. 10가지의 습관들이 서로 연결되어 있기 때문에 그중 한 가지 습관의 맛을 본다면 반은 습관육아를 성공했다고 볼 수 있다.

01
읽는 습관

 20대 초반, 애를 낳아 보지도 않은 애송이가 유치원 교사가 되어 엄마들을 상대하기란 쉽지 않은 일이었다. 더구나 육아에 대해 상담을 해주어야 하는 일은 거의 공포 수준이었다. 그즈음부터 나는 육아서를 시작으로 읽기를 시작했다. 읽기를 좋아해서가 아니라 가장 저렴하고, 쉽고, 간단하게 할 수 있는 최선의 방법이었다.

 한 달에 한두 권씩 꾸준히 육아서로 시작해 교육 관련서, 자기계발서, 에세이로 넓혀 나가면서 다양하게 읽기 시작했다. 엄마가 되기 전까지는 1년에 20권 정도를 읽었다. 그런데 육아휴직 1년 동안 300권 정도의 책을 읽으면서 책 읽기의 재미에 푹 빠졌다. 복직을 한 후에도 1년에 100권 이상 읽었다. 육아와 직장생활, 집안일까지 혼자 맡아 하면서 책 100권 이상을 읽은 한 사람으로서 시간이 없어서 책 못 읽는 사람들의 말은 핑

계라고 생각한다. 시간이 없어 못 읽는 것이 아니라, 읽는 재미를 못 봐서 안 읽는 거다.

성공한 사람들의 이야기, 꿈을 이룬 사람들의 이야기, 어려움을 극복한 사람들의 이야기, 행복한 사람들의 이야기, 전문가들의 이야기 등을 읽으면서 부모님도, 학교도, 사회도 가르쳐 주지 않았던 삶에 대한 자세, 가치관, 희망과 용기를 배웠다. 드문드문 찾아오는 시련과 고통을 이기는 힘도 키웠고 꿈도 키웠다. 책은 행복한 사람, 유식한 사람, 부자 등 각 분야의 전문가를 만나는 장소였고, 생각의 그릇을 넓히고 고정된 틀을 깨주는 넓은 세상이었다. 독서에 심취하기 전에는 결핍이 열등감이 되었는데, 읽은 후에는 결핍이 감사이고 성장하는 발판이 되었다. 인생의 걸림돌을 디딤돌로 볼 수 있는 마음이 생겼다.

이렇게 읽는 습관으로 행복한 삶을 살고 있고, 독서를 실천하면서 알게 된 방법을 정리해서 '읽는 습관 육아'를 하고 있다. 내 아이는 책 읽는 수준을 넘어 책 먹는 아이다. 책 먹는 아이로 키우는 7가지 방법을 알아보자.

첫째, 놀게 하자.

둘째, 읽는 모습을 보여주자.

셋째, 읽기를 구걸하지 말자.

넷째, 읽기독립을 시키자.

다섯째, 읽을 시간을 주자.

여섯째, 다양한 읽기를 하자.

일곱째, 함께 읽자.

첫째, 놀게 하자.

자기가 좋아하는 것은 스스로 찾아 하게 된다. 읽는 습관을 만들어 주기 위해서는 먼저 놀게 해야 한다. 아이들이 좋아하는 것은 놀기지 읽기가 아니다. 가장 좋아하는 놀기에 재미를 본 아이들은 읽는 재미도 쉽게 느낄 수 있지만, 놀기가 부족한 아이에게 책을 읽히면 놀고 싶은 마음 때문에 읽기에 집중하기 어렵다.

읽는 습관을 만들어주기 위해서는 먼저 놀게 해야 한다. 너무 놀리면 아이가 뒤처질까봐 염려스러운 엄마들이 언제까지 놀게 두어야 하는지에 대해 궁금해한다. 노는 시기는 엄마가 결정할 수 있는 문제가 아니다. 아이가 결정하는 것이다. 전문가에게 묻지 말고 아이에게 물어야 한다. 엄마의 기준이 아니라 아이의 기준에서 실컷 놀게 한 후, 책을 읽어주고 엄마가 책 읽는 모습을 보여주면 '책 그만 좀 읽고 나가 놀아' 하고 잔소리하는 모습으로 부러움을 산다. 부러우면 놀게 하라.

둘째, 읽는 모습을 보여주자.

워킹맘으로 살면서 너무 힘들고 피곤해서 아이 책 읽어주다가 조는 시간이 더 많았고, 엄마 책 읽느라 6살까지 하루에 한 권도 못 읽어준 날이 더 많았다. 대신 매일 책 읽는 모습은 보여주었다. 읽고 싶은데 읽을 시간이 없어서 자투리 시간을 이용했다. 엘리베이터를 기다리는 시간, 병원 진료 대기시간, 놀이터에서 아이가 노는 시간 등을 이용해서 읽는 모습과 항상 책을 가지고 다니는 모습을 보여 주었다. 여행을 갈 때도 책은 꼭 챙겨 간다. '어머니의 책 읽는 모습이 오늘의 나를 만들었다'는 이어령 박사님의 말씀처럼 내 아이도 엄마의 책 읽는 모습으로 읽는 습관을 가졌단다.

아이가 초등 1학년 때 식사시간에 나눈 대화이다.

> 엄마: (아빠를 세워주고 싶은 마음으로) 네가 책을 좋아하는 건
> 아빠를 닮았나봐.
> 아이: 아니에요. 엄마가 매일 나랑 안 놀아주고 책만 읽으니까
> 나도 심심해서 읽었어요. 읽으니까 엄마처럼 재미있더라고요.
> 엄마: 엄마처럼 재미있다는 말이 무슨 말인지 구체적으로 설명해
> 줄래?
> 아이: 재미있으니까 매일 읽으셨잖아요? 책이 얼마나 재미있는
> 건가 하고 저도 읽어 봤어요.

책 읽는 모습은 아이로 하여금 스스로 '엄마는 책이 얼마나 재미있으면 시간이 날 때마다 읽을까? 심심한데 나도 한 번 읽어 볼까?' 생각하게 만들었다. 엄마가 책 읽는 모습을 보여주어야 아이가 책을 읽는다를 직접 경험으로 맛보았다. 내가 책을 읽는 맛보다 아이의 책 읽는 모습을 보는 맛은 더 달콤하다. 전문가들은 책을 많이 읽는 아이들이 고학년이 될수록 성적이 높고, 고학년이 되어도 책이 재미있고 좋아서 읽는 아이들은 엄마가 집에서 책을 읽는다고 말한다. 내 아이의 읽는 습관에 가장 큰 영향을 준 것은 엄마의 책 읽는 모습이었다.

셋째, 읽기를 구걸하지 말자.

읽는 모습을 보여주지 않고, 읽기를 강요하면 한계를 넘지 못한다. 엄마의 강요는 아이에게 제발 읽어달라는 부탁이다. 부탁을 거절하고 수락하는 것은 부탁하는 사람이 아니라 부탁받은 사람이다. 부탁받은 아이는 수락보다 거절을 선택한다. 또한 강요는 하고 싶은 마음을 사라지게 한다. 엄마가 저렇게 부탁을 하는데 읽어 줄까 말까 하다가 부탁의 강도가 심해지면 '에잇 안 읽어!'가 된다.

강요 다음으로 자주 쓰는 방법이 보상이다. 정해진 권수만큼 읽으면 용돈, 선물, 게임시간 등으로 보상을 준다. 보상의 대표적인 부작용은 "읽으면 뭐 해주실 건대요? 안 주면 안 읽을래요"이다. 나는 강요와 보상이 아니라 구걸이라고 표현한다.

나는 '읽자'라는 말보다 '네가 읽어'라는 말을 더 많이 사용했다. 아이가 "엄마, 책 읽어 주세요"라고 할 때 덥석 읽어주지 말고 밀당을 하자. 읽어줄 때도 있지만, 엄마 책 읽을 시간도 없어 못 읽어 준다는 핑계로 더 목마르게 했다. 글자를 몰라서 못 읽는다는 아이에게 원래 어린이는 그림으로 책을 읽고 어른들은 글자로 된 책을 읽는 거라며 그림으로 읽으라고 했다.

강요나 애원을 하지 말고 읽는 모습을 보여주면서 읽기는 밥을 먹는 것처럼 매일 하는 일이라고 말해주자. 밥은 몸을 건강하게 하고, 책은 정신을 건강하게 하기 때문에 매일 밥을 먹듯이 매일 책을 읽어야 한다고 말해주자. 아이들에게 엄마가 하는 소리는 잔소리가 되지만, 책이 하는 소리는 교훈이 된다. 안중근 의사에 관한 책에서 '일일불독서 구중생형극(一日不讀書 口中生荊棘)'을 읽은 후부터는 하루라도 책을 읽지 않으면 입 안에 가시가 돋친다며 더 열심히 책을 읽는다.

넷째, 읽기독립을 시키자.

읽기독립은 '스스로 책을 읽는다'와 '읽기의 주인이다'라는 의미다. 엄마가 책을 읽어 주더라도 읽기의 주인은 엄마가 아니라 아이여야 한다. 읽어줄 때 책장은 읽기의 주인이 넘기도록 하자.

책장을 아이가 넘기면

1. 읽기의 속도를 아이에게 맞출 수 있다.

2. 아이의 집중도와 흥미 정도를 알 수 있다.

3. 소근육을 키울 수 있다.

책장을 넘기는 작은 행동으로 읽기의 주인이 된다. 읽어주기에서 서서히 스스로 읽기를 하도록 하자. 읽어줄 때는 읽어주고 싶은 책보다 읽고 싶어 하는 책을 읽어주고, 한 권을 열 번 읽어달라고 하더라도 10권을 읽는 것과 같으니 읽어주자.

읽기독립은 '혼자 읽기'가 아니라 '스스로 읽기'로 혼자서 읽을 수 있지만 스스로 읽기를 하지 않는다면 읽기독립이라고 하지 않는다. 읽기를 재미있어 할 때쯤 스스로 읽기를 시작해야 한다. 재미있는 책을 읽어주다가

극적인 장면에서 책을 덮고 바쁜 척을 한다. 읽는 습관에서 읽어주는 것보다 더 중요한 것은 '읽고 싶은 마음'을 갖게 하는 거다.

7살 겨울쯤 로알드 달 작품으로 읽기독립을 시켰다. 한글이 늦어 7살 겨울부터 스스로 글을 읽기 시작했다. 로알드 달의 책은 두꺼워서 한 번에 다 읽어주기는 목이 아프다. 30페이지 정도 읽어주다가 멈추면 아이는 뒷이야기가 궁금해 스스로 읽는다. 두께가 있어 끝까지 다 읽지는 못하지만 며칠에 걸려서 끝까지 읽어 낸다. 로알드 달 작품을 너무 좋아해서 1학년 때 다시 읽게 했더니 몇 시간 동안 혼자 읽어 내는 힘이 생겼다.

스스로 책을 읽는 수준이 되면 한 권 정도는 소리를 내어 읽도록 하자. 소리를 내어 읽게 해보면 '조사는 빼고 읽고 단어를 첫음절만 보고 넘겨짚어 읽는다'는 사실을 알게 된다. 소리 내어 읽게 하는 연습은 발음을 명확히 하고 문장의 구조를 정확하게 보게 한다. 하지만 소리 내어 읽게 하는 연습을 너무 일찍 시작하면 책 읽기를 싫어하게 된다. 경험상 1학년 때부터 일주일에 한두 권이 적당한 것 같다. 1학년이 되어도 책을 재미있게 스스로 읽는 읽기독립이 안 되었다면 아이의 흥미를 고려하여 시작하면 된다.

다섯째, 읽을 시간을 주자.

아이가 책을 읽고 싶어도 읽을 시간이 없어서 못 읽는 것이 대부분이다. 학교, 학원 숙제가 끝나면 자유롭게 쓸 수 있는 시간이 3~4시간 정도다. 그 시간에 아이가 가장 하고 싶은 것은 놀기다. 놀고 나면 읽을 시간이 없다.

시간을 확보해야 하는데 학교, 학원, 숙제, 놀기 중에서 빼낼 수 있는 것은 학원뿐이었다. 읽는 습관을 더 중요하게 생각하는 터라 사교육에 양보하고 싶지 않다. 읽을 시간을 확보해주지 않고, 자기가 놀 수 있는 시간을 줄여서 읽게 하면 읽기가 싫어지는 건 당연한 이치다. 읽는 습관을 원한다면 읽을 시간을 만들어주자. 평일에 시간이 없다면 매일 한두 권씩만이라도 읽도록 하다가 방학을 이용해 도서관을 꾸준히 다니면서 읽는 양을 늘리는 것도 좋다.

유대인의 베갯머리 이야기처럼 아이가 어릴수록 잠자리에서 읽어주는 경우도 있는데 나는 잠자리에서 책을 읽으면 '졸린다'로 뇌에 입력되는 게 싫어서 어릴 때부터 읽는 습관을 위해 잠자리에서는 읽어 주지 않았다. 책을 읽다가도 잠자리에 드는 시간이 되면 책을 덮도록 했다. 자기 전에 다 읽지 못하고 책을 덮은 다음 날은 아침에 눈을 뜨자마자 다 읽지 못한 책을 이어서 읽는다. 책을 읽는 시간은 충분히 주려고 노력했지만, 잠자리에서만 제외하고 시간을 따로 정해두지 않았다. 아이는 밖에서 신나게 놀다가 들어와서 책을 읽고, 학교 다녀와서 책을 읽고, 심심하면 책을 찾아 읽는다.

여섯째, 다양한 읽기를 하자.

책바다에 빠질 때까지는 아이가 좋아하는 동화책을 읽어주자. 책바다에 빠진 다음에는 지식책, 위인책, 고전 등 아이의 흥미와 수준을 고려하여 밀어넣기를 해주면 된다. 밀어넣기는 아이가 좋아하는 책을 존중해주면서 읽히고 싶은 장르의 책을 엄마가 읽어주기다. 한꺼번에 너무 많은 욕심을 내지 말고 한 권으로 시작해서 아이의 흥미와 수준을 고려하면서 늘리는 게 중요하다.

다양한 책을 읽히더라도 만화는 최대한 늦게 읽는 환경을 주려고 노력했다. 요즘 과학, 한자, 역사, 지식에 관련한 책들이 만화로 많이 나온다. 다양한 지식을 쌓기에는 만화책이 도움이 되지만, 만화책에 먼저 흥미를 가지면 줄글 읽기가 싫어진다. 줄글을 우선적으로 더 많이 읽히자.

아이 학교 도서관 사서 도우미를 하면서 깜짝 놀랐다. 아이는 학군이 좋은 지역의 초등학교를 다니고 있다. 그럼에도 불구하고 전교생에 비해서 도서관을 찾는 아이들의 수가 적다. 집에 읽을 책이 많아서 도서관을 이용하는 아이들의 수가 적을 수도 있겠지만, 그것을 감안해도 적은 수다. 대출하는 책의 수준은 만화책이거나 흥미 위주의 쉬운 책이다. 쉬운 책 읽기에 수준이 머물러 있으면 학년이 올라갈수록 어려워지고 길어지는 교과서의 지문을 이해하지 못한다. 교과서가 만화책으로 시험문제가 만화로 바뀌지 않는 이상, 아이들은 공부 스트레스가 많아질 것이다.

아이들은 쉽고 재미있는 만화책을 좋아할 수밖에 없다. 내 아이도 초등학생이 되어 만화책을 접하게 되면서 푹 빠져들었다. 학교 도서관에서 빌려오는 책은 모두 만화책이다. 내 아이가 만화책을 좋아하는 이유는 쉽게 읽히기 때문이다. 쉬운 책 읽기에 머무르게 될 때는 쉬운 책 읽기를 금지하지 말고 아이가 읽고 있는 책보다 조금만 더 수준이 있는 책을 '밀어넣기' 하여 읽기 수준을 올려야 한다.

다양한 장르의 책 읽기에 무리가 없다면 신문 읽기를 시작하자. 7살 이후부터 읽기 흥미에 따라 시작해도 된다. 신문 읽기도 엄마가 읽는 모습을 먼저 보인 후 시작하는 것이 좋다. 처음에는 어린이 신문이라 하더라도 글씨가 작고 책에서 쉽게 접하지 못하는 어려운 어휘들이 많아서 엄마가 읽어 주어야 한다. 특히 신문의 경우 수준이 될 때까지 기다리면 늦다. 엄마가 읽어 주어 읽기 수준을 높여야 한다.

초등 1학년에 어린이 신문을 읽기 시작했는데 처음에는 맛보기로 부분적으로만 읽어 주었다. 글씨가 작고 어휘가 어려워 읽기 싫다더니, 현실에서 일어나는 일들이 신문에서 다루어지자 흥미로운지 언제부터인가 스스로 신문을 읽는다.

신문에서 읽은 내용들을 현실에서 직접 보고 듣고 경험하는 것을 신기해하고, 상식이 많아진 아이를 놀라워하는 주변 사람들의 시선을 즐긴다. 학교 선생님이 아이들의 이름을 부르지 않고 번호를 부르는 것이 '존중의 문제'로 다루어진 신문기사를 읽고, 번호를 부르는 선생님께 '왜 이름을 부르지 않고 번호를 부르시는지' 질문을 했단다.

또, 퇴근한 아빠에게 신문에 난 대통령 탄핵에 대한 이야기를 혼자만 알게 된 특보인 것처럼 아나운서가 되어 전하기도 하고, 본인이 대통령이 되어 나라를 다스려보고 싶다는 꿈을 이야기하기도 하고, 대통령에게는 지혜가 필요하다는 말을 하는 등 비판을 하기도 한다.

신문 읽기는 세상 읽기이고 살아 있는 상식의 보물 창고다. 또한 논리력, 비판력, 어휘력을 키우는 읽기다. 나는 학원보다 신문 읽기를 강력 추천한다.

다양한 읽기는 상식도 많아지게 하지만 다양한 생각을 할 수 있게 한다.

일곱째, 함께 읽자.

읽기독립을 하면 장점도 있지만 엄마가 더 이상 책을 읽어 주려고 하지 않는다는 단점도 있다. 엄마가 읽어주는 시간은 아이에게는 듣기 시간이다. 자기 말만 하고 다른 사람의 이야기 듣기를 싫어하는 아이들이 늘고 있다. 듣기 수준이 낮아지는 이유는 여러 가지로 해석되고 수준을 올리는 방법은 많지만, 간단하고 쉬운 방법으로 '엄마의 책 읽어주기'가 도움이 된다.

책을 읽어주는 시간은 언어적 활동뿐만 아니라 정서적 교감이 일어나는 시간이다. 아이를 무릎 위에 앉혀 읽히면 엄마의 심장을 느끼고 옆에 붙어서 읽으면 피부 접촉을 통한 교감이 일어난다. 초등학교 6학년 때까지, 이후에도 원한다면 부분적으로 엄마가 읽어주는 것이 좋다. 나는 지금도 교과서 읽기나 신문 읽기, 책 읽기를 해줄 때 무릎에 앉혀서 한다.

함께 읽어서 어휘력을 높여주자. 하브루타 수업을 하면서 어휘력이 부족해서 시험문제를 못 읽는 아이들이 많다는 초등학교 선생님들의 말씀이 이해되었다. 학원도 많이 다니고 공부하는 시간도 많은데, 일상에서 자주 사용하는 단어의 뜻을 정확히 모르는 경우가 종종 있다. 어휘력이 부족하면 시험문제를 풀기 어렵고 시험문제를 못 풀면 당연히 성적이 낮아진다.

함께 읽으면서 아이가 모를 법한 단어를 찾아 무슨 뜻인지 물어봐주어야 한다. 아이에게 모르는 단어를 물어보라고 하면 자기가 단어를 모르는

지 아는지도 판단이 안 되기 때문에 묻지 못한다. 엄마가 먼저 물어봐주어야 자기가 모르는 단어가 있다는 것을 알게 되고, 내용을 이해하는 읽기가 가능해진다. 단어의 뜻을 모를 때는 단어의 앞뒤 문장을 읽고 유추하여 뜻을 말할 수 있도록 한 후, 사전을 찾아 읽게 해야 생각하는 읽기로 이어진다. 엄마가 옆에 없으면 모르는 단어가 있어도 스스로 찾기 귀찮아서 넘어간다. 함께 읽으면 모르는 단어를 바로 물어볼 수 있고 사전도 같이 찾을 수 있다. 책 읽는 장소와 가까운 곳에 항상 국어사전을 준비해두어 사전 찾는 습관을 들이자. 함께 읽으면 아이의 읽는 속도와 종류로 읽기 수준도 알 수 있다.

읽기 수준은 아이 스스로 올릴 수 없다. 엄마의 도움이 필요하기 때문에 아이의 읽기 수준을 알고 있다는 것은 매우 중요하다. 함께 읽기를 하여 아이의 읽기 수준을 알고 올려주는 것, 만화와 문학의 균형을 맞추는 것도 엄마의 몫이다.

엄마의 읽어주기는 책 편식을 막아준다. 읽기 편식이 한 분야의 전문성을 높인다는 좋은 점도 있지만, 다양한 책 읽기로 사고력을 키우지는 못하고 쉬운 책 읽기로 머무를 수 있다는 단점도 있다.

우리 몸에도 이로운 음식, 해로운 음식이 있듯 책에도 이로운 책, 해로운 책이 있다. 양질을 책을 선택할 수 있고 읽기의 힘이 단단해지기 전까지는 함께 읽어 책의 종류와 읽기 수준의 균형을 맞추는 일을 도와주어야 한다. 해로운 책을 너무 많이 읽으면 몸이 아프듯 생각이 아프다라고 이야기를 들려주어 스스로도 균형을 맞출 수 있게 하자.

함께 읽기는 토론으로 이어진다. 읽기가 넣는 활동이라면, 토론과 쓰기는 끌어내는 활동이다. 토론은 아이 생각과 엄마 생각이 만나 생각을 날카롭게도 하고, 키우기도 하고, 가지치기도 한다. 아이와의 토론 수준은 의견을 논의한다기보다 수다 정도라고 생각하면 된다. 스트레스 풀기 시간에 교훈이나 가르침을 주기 위한 엄마의 욕심이 들어가면 수다가 아니라 학습이 된다. 생각 나누기 수다를 자주 하다 보면 아이 스스로 교훈을 깨닫게 되니 처음부터 욕심내지 말고 수다처럼 하면 된다.

수다의 주제는 엄마가 제시하고 이어가는 것은 아이가 할 수 있도록 하자. 책을 함께 읽다가 엄마가 책 내용의 일부를 화두로 던진다. 예를 들면 "신사임당 엄마는 율곡 이이가 잘못했을 때 매를 사용했네. 아이가 잘못했을 때 매를 사용해도 되나?"

매의 화두를 던지면 자연스럽게 아이의 생각이 수다로 이어진다. 길게 할 필요도 결론을 내릴 필요도 없다. 아이가 이어가는 만큼 서로의 생각을 주고받으면 된다. 아이의 생각에는 맞고 틀림이 없으니 판결을 내리는 판사가 되려고 하지 말고 생각을 나누는 수다 친구가 되어주자.

읽기 중에 너무 자주 수다하면 내용을 이해하며 읽기에 방해가 되니 아이의 읽기 수준과 흥미에 따라 적절하게 사용해야 한다. 우리 집은 일주일에 한두 번 정도 한다. 엄마가 수다를 시작하면 자연스럽게 다음에는 아이가 먼저 시작하게 된다. 아이와 토론수다를 하다 보면 읽기 수준이 높아진다.

선덕여왕에 관한 책을 읽던 아이가 "엄마 우리나라 최초의 여자 대통령이 누군지 아세요?"로 수다를 요청한다. 아이가 생각한 최초의 여자 대통령은 선덕여왕이었다. 아이가 수다를 요청할 때는 관심을 보이고 놀라워하는 모습을 하면서 엄마는 너의 수다를 기다리고 있었다는 느낌을 주어야 한다. 마무리에는 "와~ 책은 새로운 것이 가득 들어 있는 보물창고. 엄마가 몰랐던 사실(다 알고 있는 사실이지만)을 알려줘서 고마워"라고 읽기를 격려해 주어야 스스로 읽는 행동이 지속된다. 책에서 보물을 찾는 탐험가가 되게 하는 말이기도 하다.

수다가 늘어나면 힘들 때도 있다. 엄마는 읽기를 하고 싶은데 아이는 수다하는 재미에 빠져 중간중간 읽기를 끊어놓는다. 힘들 때는 "엄마는 읽기에 몰입 중이니 오늘 수다는 그만하자"라고 말해주어 읽기의 몰입과 상대방에 대한 배려를 가르치자.

읽기에서 유의할 점은 '엄마의 욕심'이다. 아이가 7살 겨울에 읽기독립을 시작했는데 초등 1학년 때 200페이지 책을 거뜬히 읽어 나갔다. 7살 겨울에 재미있는 로알드 달 작품으로 읽기의 힘이 생겨서 가능했다. 신이 난 나는 서점에서 글과 그림의《피터 래빗》전집이 400페이지짜리 책 한 권으로 되어 있는 것을 발견하고 밀어넣기를 했다. 하루 만에 다 읽었다. 다음에는《곰돌이 푸》도 밀어넣었다.

읽기 영재로 키운 엄마라는 소리를 듣고 싶었는지, 역시 부모교육 강사 딸이라는 소리가 듣고 싶었는지 욕심이 더 큰 욕심을 불렀다. 아이 수준보다 높은 고전을 밀어넣었다. 재미를 느낄 때까지 기다리지 못하고 조바심을 내기 시작했다. 고전을 일주일에 몇 권 이상 읽으라고 강요하기 시작했고 강요한 권수만큼 읽어 내지 못하면 혼을 냈다.

어느 순간, 책 읽으라는 소리를 하게 되고 읽기를 강요받는 아이는 한숨을 쉬기 시작했다. 한숨소리에 내 정신이 돌아왔다. 엄마의 정신은 돌아왔는데 아이 읽기 수준은 퇴보했다. 조금 어렵다 느껴지는 줄글 책은 거부하고 쉬운 책만 읽으려 했다. 욕심을 내려놓고 기다려주니 다시 자기 수준으로 올라온다. 양육기술 중에 가장 어려운 기술이 '욕심 내려놓기'인 것 같다.

나는 읽는 습관을 위해 간단한 7가지 원칙 외에 특별한 방법을 사용하지 않았지만, 아이는 책이 재미있어 스스로 읽는다. 읽는 습관을 선택하기 전에 읽는 습관을 들이는 목적을 분명히 하자.

읽기의 목적이 성적인가, 삶의 질인가?

성적인지 삶의 질인지 목적을 분명히 해야 한다. 삶의 질이 우선시되면 2가지 목적을 모두 이룰 수 있다. 성적의 목적이 우선시되면 읽기는 재미가 아니라 학습이 되고, 책을 선정할 때도 흥미와 수준보다는 교과서와 연계된 책이 먼저가 되어 삶의 질이 높아지기 어렵다.

나의 읽는 습관의 목적은 삶의 질이다. 읽는 습관이 나의 삶을 바꾸고 우리 집을 바꾸었다. 나에게 책 읽기는 우울증 치료제가 되기도 하고, 용기를 끌어내는 펌프가 되기도 하고, 위로를 주는 친구가 되기도 한다. 아내와 딸의 읽는 습관을 지켜만 보던 남편이 책을 읽기 시작했다. 남편까지 책을 읽게 되니 주말 나들이 장소로 도서관을 가기도 하고, 서점을 가기도 한다.

도서관, 서점을 놀이동산만큼 재미있게 가는 우리 집이 되었다.

읽기는 어휘력, 이해력, 사고력, 통찰력, 창의력, 평정심 등을 키우는 최고의 학교다. 읽는 습관은 아이에게 가지고 다닐 수 있는 최고의 학교를 선물하는 것과 같다.

02
말습관

우리는 많은 말을 하고 살아간다. 말은 사람과 사람 관계의 연결고리다. 말습관에 따라 좋은 관계가 이어지기도 단절되기도 한다. 말로 상처를 주기도 하고 힘을 주기도 하고 천냥 빚을 갚을 수도 질 수도 있다. 말에는 사람의 정신을 살릴 수도 죽일 수도 있는 힘이 있다. 말이 입안에 있을 때는 내가 말을 다스릴 수 있지만, 말이 입 밖으로 나오면 말이 나를 다스리게 된다.

말을 하는 직업 덕분으로 말공부를 하게 되었다. 유치원 원감으로 근무할 때 강조했던 부분이 교사의 말이다. 교사의 권위로 가르치지 말고 말의 힘으로 가르치도록 교사 교육에 힘썼다. 교사의 말이 바뀌니 아이들의 행동이 바뀌고, 아이들의 행동 변화가 교사로서 보람과 사명감을 느끼게 했다. 교사의 질이 달라졌다. 아이들과 교사가 변하는 모습으로 말의 힘 맛을 톡톡히 본 후로 말습관에 더욱 신경 쓰면서 살려고 노력한다.

　말에는 씨앗이 있다. 아이들에게 좋은 음식은 매일 먹이려고 애쓰면서 매일 좋은 말의 씨를 먹이려고 애쓰지 않는다. 좋은 음식은 몸을 살리는 영양이라면, 좋은 말씨는 마음을 살리는 영양이다. 몸에 난 작은 상처에는 극성을 부리면서 말로 난 마음의 큰 상처는 무시한다. 몸에 난 상처는 시간이 지나면 아물어 없어지고 상처자국이 남아도 삶의 질에 영향이 없다. 하지만 마음에 난 상처는 쉽게 아물지 않으며 다른 상처와 만나 정신을 괴롭히기도 하고 몸을 아프게 하기도 한다. 그래서 아이들 몸의 건강을 위한 바른 먹거리에도 신경을 써야 하지만, 마음의 건강을 위한 바른 먹거리인 말습관에도 신경을 써야 한다.

　말습관이 좋은 사람이 성공한다. 협상할 때, 계약할 때, 광고할 때, 설명할 때, 설교할 때, 강의할 때 등 말습관이 좋은 사람이 유리하다. 말습관이 좋으면 낙타가 바늘구멍 통과하기 만큼 어렵다는 직장도 구할 수 있다.

　2016년 은행 신입사원 채용 면접으로 말습관을 평가했다는 신문 기사를 읽었다. 하루 동안 면접관과 신입사원 지원자들이 한 그룹이 되어 '치킨에 맥주를 먹는 것이 더 좋은지, 삼겹살에 소주를 먹는 것이 더 좋은지'와 같은 아주 일상적인 주제로 토론을 했다. 토론을 하면서 발언하는 횟수, 말하는 방식, 근거, 논리성, 사회적 현상으로의 연결 등 말습관으로 평가했다. '말습관 평가'라는 말은 나의 주관적인 표현이다.

　내가 강의할 때와 오바마 전 대통령이 강의할 때 사람이 모이는 수는 엄청난 차이다. 나와의 식사는 돈 없어도 가능하지만 워런 버핏과 한 끼 식사를 위해 지불하는 돈은 26억 이상라고 한다. 이것을 몸값이라고 하는데 말값이 좀 더 정확한 표현인 것 같다. 이 모든 것의 차이는 '말습관'에서 온다. 말습관이 좋은 사람에게 사람들이 몰린다. 말습관이 좋은 사람은 말에 힘이 있고, 좋은 말의 씨앗을 뿌린다. 몸소 실천하는 성공하는 삶이 말의 힘을 실어준다.

우리는 논리적으로 말하고 고급 어휘를 사용하고 수준 높은 대화를 하고 유머러스하게 말하는 사람들을 말을 잘한다고 하는데, 이는 말만 잘하는 사람이지 말습관이 좋은 사람은 아니다. 진짜 말을 잘하는 사람은 말하는 방법보다 가는 말을 곱게 다스려 듣는 사람이 위로받고 배려받는 진심이 담긴 말을 하는 사람이다.

말의 힘에 대한 실험과 연구는 무수히 많지만, 나는 경험과 실천으로 말을 다스리는 말습관 원칙에 대해 이야기하려고 한다. 말을 바꾸면 행동이 바뀌고, 행동이 바뀌면 습관이 바뀌고, 습관이 바뀌면 인생이 바뀌는 것을 직접 경험하면서 살고 있다. 매일 뿌리는 말의 씨를 관리하여 말습관이 좋은 사람이 되자. 엄마가 어떤 말의 씨를 뿌리느냐에 따라 아이의 행동이 바뀌고 삶이 바뀐다.

첫째, 행동을 바꾸는 말

둘째, 긍정을 심는 말

셋째, 희망을 심는 말

넷째, 의미를 심는 말

다섯째, 기를 살리는 말

여섯째, 통하는 말

첫째, 행동을 바꾸는 말

아이의 행동을 평가하거나 대변해주는 엄마 말이 행동을 고착시킨다. 예를 들면 아이들의 성향에 따라 정도의 차이는 있지만 어릴수록 수줍음을 많이 탄다. 처음 만나는 사람, 장소, 경험 등에 대한 낯설음을 어른도 느끼듯이 아이들에게도 자연스러운 것이다.

아이가 처음 본 사람에게 인사를 바로 하지 않고 쭈뼛쭈뼛하고 있으면 아이가 듣는 데서 "얘가 수줍을 많이 타요, 내성적이에요"라고 쉽게 말한다. 수줍음은 자연스러운 것임에도 엄마의 말로 '나는 수줍음을 많이 타는 아이구나'라고 행동을 고착화시킨다. 이럴 때에는 수줍어하는 행동이 마음에 안 들더라도 대변해주지 말고 "익숙해질 때까지는 누구나 수줍기도 하고 부끄럽기도 한 거야. 괜찮아"라고 말해주어야 한다. 아이의 행동을 대변하는 엄마의 말이 행동을 고착시키기도 하지만, 아이의 말할 기회를 없애기도 한다.

대변습관의 성패 역시 엄마의 말이다. 대변을 보는 일은 스스로 조절하여 할 수 있는 아주 큰일이다. 그래서 대변을 큰일이라 한다. 기저귀를 떼게 하느라고 아이가 큰일을 보는데 엄마가 "아이구~ 냄새야, 똥은 더러우니까 변기통에만 누는 거야, 똥 싸니 고약한 냄새가 나더라" 등 부정적인 말의 씨를 뿌리면 대변 보는 일이 더러운 부정의 행동으로 인식된다. 부정의 행동으로 인식한 아이는 대변을 숨어서 보거나 회피하려 하여 대변습관이 더욱 어려워진다.

대변을 봤을 때 "큰일 했네. 엄마한테는 ○○의 응가도 향긋해"라며 기뻐하는 표정으로 긍정의 말을 씨를 뿌리자. 긍정의 말은 변기통에 앉아서 볼일을 당당하고 즐겁게 하게 한다. 말로 아주 쉽게 대소변 훈련 행동을 바꿀 수 있다.

아이를 성장시키느냐 애기로 머무르게 하느냐도 엄마의 말에 달렸다. 초등학생인데도 애기 같아서 "애기야"라고 한단다. 울 애기라고 하면 애기 행동만 한다. 영원한 애기로 키우고 싶지 않다면 나의 말을 바꾸어 아이의 행동을 바꾸자.

내 아이의 목소리는 아주 크다. 목소리가 큰 아이에게 가장 많이 들려준 말은 "너 왜 이렇게 목소리가 크니? 목소리 좀 낮춰"였다. 엄마, 아빠의 말이 아이를 큰 목소리로 고착시켰다. 목소리가 적당할 때 "목소리가 알맞아서 좋다"라고 해야 목소리가 낮아진다. 아이의 행동을 좀 더 빨리 바꾸고 싶다면 엄마, 아빠 모두가 행동을 바꾸는 말을 사용해주면 된다.

둘째, 긍정을 심는 말

아이가 긍정적으로 자라길 바란다면 긍정의 말씨를 심어주면 된다. 일상에 사용하는 말이 긍정적인지, 부정적인지 살펴보자.

안 돼, 하지 마, 싸우지 마, 때리지 마, 뛰지 마, 떠들지 마, 만지지 마,

> 친구 장난감을 뺏으면 나쁜 아이야, 지각하지 마, 큰소리로 말하면
> 안 돼, 시끄럽게 하면 안 돼.

아이가 상황에 맞게 행동하도록 가르치는 바른 행동을 지도하는 말이지만, 부정적이다. 부정적인 말을 하루에도 수십 번씩 아이들에게 들려준다. 부정적인 말에 장시간 노출되면 의사결정 능력이 낮아지고 실수가 잦아지고 무기력해진다. 우리 몸의 총사령관인 뇌는 말의 명령을 듣는다. 뇌는 사람들의 말을 의역하지 못한다. 예를 들면 "싸우지 마"를 싸우지 말고 '사이좋게 놀라'는 의미로 번역하지 못하고, "싸우다"로 직역한다. '싸우지 마라' 하면 싸우게 되고, '사이좋게 놀아라' 하면 사이좋게 논다.

> 싸우지 마. → 사이좋게 놀아.

긍정적으로 표현하자.

> 사이좋게 놀아라, 말로 해라, 걸어 다녀라, 조용히 하자, 작은 소리로
> 이야기하자.

아이와의 약속과 규칙을 정할 때도 긍정적 표현을 해야 한다. 학교, 유치원을 가면 규칙판이나 칠판을 먼저 본다. 규칙과 칠판으로 아이의 미래를 본다. 특히 규칙을 사용하는 교사들이 바뀌었으면 좋겠다.

복도에서 뛰지 않기, 떠들지 않기, 흘리지 않기, 새치기하지 않기, 돌아다니지 않기

→ 복도에서 걸어 다니기, 알맞은 소리로 말하기, 흘린 것 줍기, 차례 지키기, 앉아 있기

부정적인 규칙은 통제의 의미를 담고 있지만, 긍정적인 규칙은 행동의 방향을 제시하는 의미를 담고 있다. 인격에 대한 "너는 왜 그 모양이니?, 도대체 누굴 닮은 거니?, 네가 하는 일이 다 그렇지" 등의 부정적인 말은 잠재의식 속에 저장되어 엄마가 말하는 '그 모양'의 사람으로 만든다. 부정적인 말은 불운의 기운을 담고 있지만, 긍정적인 말은 행운을 담고 있다.

셋째, 희망을 심는 말

우리나라는 안 좋은 것만 1등 하는 나라라는 말들을 한다. 자살율, 스트레스, 왕따, 학교폭력 등은 상위권에 있고, 행복지수 등은 하위권에 있다. 희망적이지 못하다. 나는 뉴스 대신 신문을 읽는다. 뉴스는 들려주는 대로 보고 들어야 하지만, 신문은 선택해서 읽으면 된다. 뉴스를 보지 않는 또 하나의 이유 중에 하나는 절망의 말 때문이다. 나는 아직 절망적인 소식을 의연하게 감당해 내지 못한다. 연예인 한 명이 죽으면 하루 종일, 며칠 동안 자살이야기가 보도된다. 연예인을 우상시하는 아이들에게 연예인 자살은 희망적일까, 절망적일까?

나라 전체가 희망보다는 절망의 말을 내뿜는다. 하지만 살리고 싶다. 아이도 살리고, 엄마도 살리고, 나라도 살리고 싶다. 희망의 작은 씨앗이라도

뿌리고 싶다. 엄마들의 말을 희망적으로 살리자. 말끝마다 따라다니는 '죽겠어', '미치겠어'를 죽여야 말이 산다.

배고파 죽겠어(미치겠어), 신경질 나 죽겠어, 힘들어 죽겠어, 스트레스 받아 죽겠어, 아이 때문에 죽겠어.

죽을 만큼, 미칠 만큼의 일이 아닌 일에 자주 죽고 미치는 엄마들의 말을 듣는 아이들은 죽음을 어떻게 받아들일까. 엄마를 모델링하는 아이들도 쉽게 '배고파 죽겠다'는 말을 사용한다. '살겠다'가 아니라 '죽겠다'는 아이의 말을 아이 뇌가 듣는다. 소아정신과가 늘어나고 자살율이 높은 원인은 여러 가지로 연구되고 있지만, 나는 말만 희망적으로 바꿔도 낮아질 거라 믿는다.

한두 끼 굶어 배고프다고 죽을 일은 아니다. 힘들고 스트레스 받을 수 있지만 죽을 일은 아니다. 특히 '아이 때문에 미치겠어'는 아이로 하여금 미치게 하는 행동을 하게 만들고, 엄마를 미치게 하는 나쁜 아이라는 자기인식으로 자존감을 깎는다. 작은 일에 자꾸 미치지 말고 그냥 이렇게 말하자.

배고프다, 화난다, 힘들다.

그리고 더 좋은 방법은 '~했지만 희망적이다'로 바꾸는 말습관이다.

몹시 배가 고팠지만 덕분에 살이 빠졌다.

지각을 해서 화가 났지만 결석하지 않아서 다행이다.

엄마가 희망적인 말을 사용하면 아이도 어려운 상황에서 희망을 먼저 보게 되고 희망적인 삶을 산다. 보이지 않는 미래에 희망을 가지고 자라는 것보다 현재의 희망적인 말을 사용해주는 것이 더 희망적인 삶이 된다.

넷째, 의미를 심는 말

사람이 일평생 가장 많이 듣는 말은 이름이다. 말이 씨가 된다고 했다. 이름은 매일 뿌리는 말의 씨앗과 같다. 그래서 아이 이름을 지을 때는 길한 의미를 담아 신중히 짓는다.

나의 아버지는 술을 드시면 이름 이야기를 들려주셨다.

"너의 이름은 '지초 지, 꽃뿌리 영'을 쓴다. 지초의 뿌리는 참 곧다. 지초의 뿌리처럼 곧게 살아라."

자식이 이름처럼 살아주기를 바라는 마음으로 말씀하셨을 뿐이지만 말 공부를 하면서 아주 훌륭한 말의 세뇌 교육이었음을 알게 되었다. 어릴 때는 지겨웠지만, 세뇌가 되어 술을 드시고 하신 말씀도 내가 살아가는데 등대가 되어 이름처럼 살도록 노력하게 한다.

말의 세뇌교육 효과를 알기에 가끔 아이에게도 이름의 의미를 들려준다. 나는 아이와 관계가 좋을 때 이름을 사랑스럽게 한 번 불러준 다음 의미를 말해준다.

"네 이름은 수풀 임, 효도 효, 기둥 주를 써. 수풀(나라)에 큰 기둥이 되어 효도할 임효주라는 뜻이야.”

아이 이름의 의미를 들려주는 이유는 이 말이 뱃길을 알려주는 등대와 같은 역할을 하기를 바라는 마음 때문이다. 너는 꼭 큰 기둥이 되어야 한다는 말을 덧붙이면 부담감을 느낄 수 있다. 아이를 혼낼 때 이름의 의미를 들추어서 ‘큰 기둥이 될 아이가 행동을 그렇게 하면 되냐’는 식의 말은 이름값도 못하는 아이다’가 되니 그냥 의미만 들려준다. 이제는 ‘너의 이름은~’이라고 하면 두루마리 휴지 풀어내듯 뜻을 술술 풀어 말한다. 세뇌되고 있다.

이름 앞뒤로 부정의 메시지보다 긍정의 메시지를 사용해야 한다. 아무리 이름에 의미가 좋아도 부정의 메시지를 담으면 힘을 발휘하지 못한다. 특히 혼낼 때는 성을 붙여 이름을 부르는데 이때 자연스럽게 부족하고 나쁜 점을 이야기하게 된다. 아이의 이름을 부르고 부족한 점을 이야기해서 ‘나는 그런 아이야’라고 세뇌시키지 말고 혼내야 할 때는 ‘이름+부족한 점’보다 ‘딸, 아들+방향 제시’로 해야 한다.

○○야, 스마트폰 중독되겠어. 그만하고 자. → 딸(아들), 잘 시간이다.

유치원 교사 시절에 정리를 못하는 아이의 이름 앞에 “정리하려고 노력하는 ○○야~”, 자신감이 부족한 아이의 이름 앞에 “목소리가 커지는 ○○야~”라고 불러주었다. 정리하라고 가르치는 것보다 이름 앞에 긍정을 넣어 불러주는 게 정리하게 하는데 더 효과적이다. 주의할 점은 정리를 잘

하는 아이가 아닌데 "잘하는 ○○야~"라고 하면 안 된다는 것이다.

이름의 의미만큼 태몽으로 탄생의 의미를 심어주자. 태몽이 없고 기억이 안 나도 상관없다. 김미경 강사의 어머니처럼 지어내서 의미심장하게(?) 들려주면 된다. 탄생이 의미 있는 아이는 의미 있게 살아갈 힘이 있다.

다섯째, 기를 살리는 말

엄마들이 기 살리고 행동을 변화시키려고 쉽게 사용하는 "할 수 있어, 괜찮아, 저번에도 그랬잖아, ~하면 해줄게", 잔소리는 기를 꺾는 말이다.

우리는 보통 자신감을 키워 주기 위해 "할 수 있어"라는 말을 사용한다. 어려운 과제에 도전할 때마다 "할 수 있어"라는 응원의 메시지를 받았다. 해내면 참 좋겠지만 실패할 수도 있다. 또는 도전을 포기할 수도 있고 하다가 실수할 수도 있다. 모두가 할 수 있다고 했는데 해내지 못했다.

기가 살까, 기가 꺾일까? "할 수 있어"라는 말은 실패한 경우 "할 수 있는데 왜 못했니?"라는 말과 같고, '실패하면 어떻게 하지?'라는 부담감을 줄 수 있다.

할 수 있어. → 한번 해 보자.

성공할 수도 있고 실패할 수도 있지만 해보지 않으면 모른다. 한 번 해 봐야 할 수 있는 힘이 생기고 실패를 하더라도 실패는 다음 도전에 용기를 준다. "할 수 있어"로 기를 꺾지 말고, "한번 해 보자"라는 말로 기를 살려 자신감을 키워주자.

"괜찮아"를 적절하게 사용하자. 받아쓰기 빵점을 맞아서 기가 꺾인 아이에게 "괜찮아"라는 말은 기를 더 꺾는다. 스스로 빵점에 기가 꺾인 아이에게 이 말은 "빵점이 네 실력이야. 신경 쓰지 마"가 된다. 이때는 "빵점을 맞아 ~하구나.(아이의 감정) 받아쓰기 빵점이 실력 빵점이 아니니까 엄마는 괜찮아"라고 말해주어야 한다. 뛰어가다가 넘어져 아파서 울고 있는 아이에게 "괜찮아"를 사용할 때는 "아프겠다. 호~" 이렇게 아이의 마음에 기를 주고, "시간이 지나면 괜찮아져"라고 말해야 한다.

빵점 맞은 아이에게

괜찮아. → 빵점을 맞아 기분이 아주 안 좋아 보이네. 받아쓰기 빵점이 실력 빵점이 아니니까 엄마는 괜찮아. 받아쓰기 점수 올리는데 엄마의 도움이 필요하다면 적극적으로 도울게.

뛰어가다 넘어져 울고 있는 아이에게

괜찮아. → 아프겠다. 호~ 시간이 지나면 괜찮아져.

엄마들이 아이들의 기를 살리기 위해 사용하는 "괜찮아"가 문제를 회피하거나 덮어버리게 한다. 이 말은 문제를 해결하는 힘을 키우는데 사용해야 한다.

잘못한 행동을 다음에는 잘해보기로 약속했다. 그러나 약속과 달리 잘못했다. 다시 한번 더 약속하면서 잘해보겠다는 아이에게 엄마는 "저번에도 그랬잖아"라고 말한다.

'한번 약속을 어겼으니 이번에는 잘 지켜야 한다'는 의미로 사용하는 말인데 아이에게는 '너는 원래 그런 아이야'라는 뜻으로 들린다. 아이의 기를 살리기 위해서는 과거를 들추지 말자. 아이들은 추론적 사고를 할 수 없기 때문에 과거와 미래를 연결해서 생각하지 못하고, 지금 당장 엄마가 하는 말에만 영향을 받는다. 현재의 상황만 이야기하자.

또 행동의 기준이 옳고 그름이 아니라 조건이 되는 "~하면 해줄게"로 조건부 인생을 살게 하지 말자.

"몇 등 하면 장난감 사줄게."

"정리하면 용돈 줄게."

옳은 행동은 엄마가 주는 조건이 있을 때 하는 것이 아니라, 조건이 없어도 옳은 행동은 해야 하고 그른 행동은 당연히 하지 말아야 한다.

조건을 이행했을 때는 기가 살지만 이행하지 못하면 기가 꺾인다. 엄마들의 조건은 아이의 수준보다 목표가 높아서 이행 못하는 경우가 더 많다. 엄마의 작은 말습관의 차이가 기를 꺾고, 조건부 인생을 살게 하기도 하고, 기를 살리는 격려가 되기도 한다. 아이의 성취를 위할 때는 엄마의 권력이 들어간 조건을 빼고 협상을 하자.

예를 들어 성적을 10등을 올리고 싶다면

1. "이번 시험에서 10등 정도 올렸으면 좋겠는데 가능하니?" (몇 등까지

가능한지 협상)

2. "○등(협상한 등수)을 올리면 그동안 노력한 너에게 마음을 표현하고 싶은데 어떻게 하면 좋을까?"

3. (과한 걸 요구하는 경우 해줄 수 없는 이유 설명) "그럼 너는 노력을 하고, 엄마는 마음을 준비할게. 이번 시험에 한번 해 보자."

엄마의 마음 준비가 보상으로 주는 물질과 동일할 수도 있지만, 엄마의 마음은 아이의 행동에 대한 조건도 보상도 아닌 엄마로서 자식에게 주는 마음이다. 보상과 엄마의 마음이 동일한 물질이더라도 "~하면 ~해줄게"는 조건이 되고, 아이의 노력에 대한 마음 준비는 선물이 된다.

엄마의 잔소리만 줄여도 아이의 기가 산다. 남편들과 아이들이 제일 싫어하는 말이 잔소리다. 엄마 본인도 잔소리는 듣기 싫다. 해봐서 알겠지만 잔소리로 행동이 바뀌지는 않는다. 관계만 멀어질 뿐이다. 모두가 싫어하는 잔소리를 계속 하는 이유는 불안증 때문이다. 지각할까봐, 실수할까봐, 습관이 될까봐 등 일어나지 않는 일을 미리 당겨서 걱정을 하면 불안해진다.
잔소리는 '쓸데없이 자질구레한 말, 필요 이상으로 듣기 싫게 꾸짖거나 참견하는 말'이다. 엄마가 필요한 말은 아이에게 필요 이상으로 듣기 싫은 말이 된다. 아이들을 키우는데 필요한 것은 엄마의 말씀이지 잔소리가 아니다. 잔소리도 습관이다. 엄마의 잔소리 딱 끊고 말씀이 되게 하자. 말습관의 원칙만 사용해도 말씀이 된다.

여섯째, 통하는 말

대화가 통할 때는 언제인가? 교훈적이고 옳은 말을 주고받을 때가 아니다. 대화의 수준이 낮아도 마음을 주고받을 때 통한다. 마음을 주고받는 말에는 공감, 경청이 필요하다. 말습관을 위해 서로 대화를 자주하려고 노력하는 우리 부부는 충격적인 사건으로 말습관에 더 신경을 쓴다. 남편과 대화 중이었다.

> 아이 : 그만 좀 싸우세요.
> 아빠 : 대화 중이야.
> 엄마 : 그만 좀 싸우라는 말을 들으니 자주 싸우는 것 같다.
> 아이 : 맨날 싸우시잖아요.
> 부부 : 우리가? 아니야.
> 아이 : (아빠, 엄마의 말투를 그대로 흉내 낸다.)

남편의 말투에 공격당하지 않기 위해 나도 모르게 방어적인 말을 사용하고 있었다. 아이가 흉내 내는 말을 들으면서 내가 방어적인 말을 사용하고 있다는 것을 알았다.

무엇을 말하는가도 중요하지만 '어떻게 말하느냐'도 중요하다. 말투, 표정, 억양, 자세 등도 신경 써야 한다. 대화에서 공감하고 경청하는 자세는 상대의 마음을 존중함이고, 상대의 마음을 존중하며 말하면 말투, 억양, 표정 등은 자연스럽게 따라온다. 사람과의 관계가 통하는 말은 존중이다.

말하는 방법을 자세히 설명하면 책 한 권 분량이다. 자세한 말에 대해서는 다음에 쓰게 될 책으로 넘기고, 여기서는 말습관의 원칙만 쉽게 짚고 간다.

　콩나물시루에 물을 주면 아래로 다 빠져나오지만 콩나물은 자란다. 말은 콩나물에 물을 주는 것과 같다. 매일 듣는 엄마의 말로 보이지 않게 자라고 있다. 말하는 대로 크는 중이다. 말습관으로 아이에게 행복한 성공을 선물하자.

03
인성습관

교육부 산하 교육기관에 중점교육은 인성교육이라는데 인성이 어디로 갔길래 인성교육법이 생겼을까? 인성교육을 하려면 훌륭한 인성교육프로그램이 있어야 하는 것이 아니라, 교육하는 사람에게 인성이 있어야 한다.

유치원 원장이 인성이 없으면 교사들에게 인성을 못 가르친다. 교사가 인성이 없으면 아이들에게 인성을 못 가르친다. 교육하는 사람에게 인성이 없으면서 인성교육은 실적용 프로그램이다. 마찬가지로 부모가 인성이 없으면 인성교육은 실적용 프로그램이다.

유아 교육 현장에 있을 때 유아기는 인성의 뿌리를 내리는 시기라는 말에 인성연구를 많이 했다. 인성에 대한 나만의 연구결과는 이러하다. 인성이란 사람습성을 가진 사람다움이다. 본능적인 동물과 다르게 자신을 돌아보고 개선할 수 있는 자기성찰지능이 있어 사람다움을 가꾸며 살아가야 한다. 나를 성찰해 보았다. 나는 사람이다. 어떤 사람인가? 교사다. 교사란? 가르치는 사람이다. 무엇을 가르쳐야 하는가? 사람됨을 가르치자. 어떻게 가르쳐야 하는가? 보여주자.

인성습관은 보여주기다. 아이 7살에 인성교육을 중시하는 국립단설 유치원에 보냈다. 등원시간에 담당선생님은 현관문 앞에서 두 발 모으고, 두 손 모으고, 허리 숙여 인사하도록 철저하고 엄격하게 지도하셨다. 유치원 원감으로 근무할 때 등하교 시간 170명이 넘는 아이들에게 허리를 숙여 인사하는 모습으로 인사지도를 했다.

지금 내 아이가 다니는 초등학교 교장 선생님은 가끔 등교시간에 교문 앞에서 아이들을 맞이해 주신다. 유치원에서 인사교육을 철저히 받은 아이들일 텐데 교장선생님께 허리를 숙여 인사하는 아이는 몇 명뿐이다. 그 상황이 신기해서 아침마다 등굣길에 함께 나가 지켜보았다. 유치원에서 배운 대로 인사하는 아이는 몇 명, 걸어가면서 얼굴 보고 인사하는 아이들이 스무여 명 정도고 나머지는 그냥 지나간다. 교장 선생님만 인사하시기 바쁘다.

유치원에서 철저히 가르친 인사는 인사하는 방법이었을 뿐 생활에서 직접 실천하며 행동으로 보여주는 인사는 아니었다. 아이가 다녔던 유치원 교사들도 학부모에게 인사하는 모습이 잘 없었고, 나 역시 유치원 교사로서 인사교육은 열심히 시켰지만 엘리베이터에서 만난 이웃에게는 눈인사도 잘 안 하고 지냈다. 아무리 방법을 잘 가르치고 프로그램이 좋아도 생활에서 행동으로 보여주지 않으면 인성을 키울 수 없다.

사람의 말과 행동을 보고 인성이 좋다, 나쁘다로 평가한다. 그래서 한때 대화법을 배웠다. 대화법을 잘한다고 자부하는 기관들이었다. 대화하는 방법은 아주 잘 가르쳤을지는 모르지만, 대화법 강사들이 수강생들에게 말로 상처를 주었다. 우리가 필요한 것은 지식으로 알고 있는 대화법이 아니라, 삶에 적용하고 있는 대화법이었다.

교사의 잘못에 화가 난 부모님들이 아이들이 보고 있는 교실로 들어와 교사에게 언어와 신체 폭력을 가한다. 부모가 보여주는 인성으로 아이들의 인성은 자라고 있다. 인성을 교육하는 곳에 인성이 없고, 인성교육하는 방법만 있다.

인성은 입으로 방법을 가르치는 것이 아니라 생활에서 실천하는 행동으로 보여주어야 한다. 인성교육의 책임은 가정이고 부모다. 인성은 가정에서 만들어지고 학교와 사회에서 다듬어진다. 가정에서 만들어주지 않아서 없는 인성을 학교와 사회에서 다듬을 수가 없다. 가족이 모여 생활하면서 인성을 만들어야 하는 가정이 사라지고 있다. 요즘 핵가족에서 해체가족으로 변하고 있다. 해체가족은 한 가족이 함께 모여 생활하는 시간이 거의 없고, 각자 해체되어 생활하는 형태를 의미로 내가 사용하는 말이다.

함께 모일 시간이 부족하다. 함께 모여 서로 마음과 생각을 나눌 시간도 없다. 아빠도 바쁘고, 엄마도 바쁘고, 아이들은 더 바쁘다. 가족들끼리 소통은 SNS로 한다. 한 집에 모여 있지만 각자 스마트폰을 하는 풍경도 흔하다. 낮에는 각자 생활을 하더라도 일주일에 두세 번 저녁 1시간 정도는 온 가족이 얼굴 보며 마음을 나누는 가족의 시간을 갖자. 인성을 위해 가족들이 함께 모여 생활하는 가정을 만들자.

가정을 먼저 세우고 다음은 가장을 세우자. 모임이나 조직에 리더가 없으면 구성원의 마음이 흩어진다. '우리 집 가장은 누구일까?'를 주제로 수업한 적이 있다. 아이들의 생각 속에 가장은 대장이고 대장은 마음대로 하는 사람이었다. 마음대로 하는 사람 1위는 엄마, 2위는 아이였다.

가정에서 리더의 개념을 잘못 배우고 있다. 리더의 개념이 바뀌지 않고 자라면 조직의 장이 되었을 때 마음대로 하는 사람이 된다. 가장은 가족구성원이 각자의 역할에 책임을 다하고 편안하게 생활할 수 있도록 이끌어주는 리더이지 마음대로 하는 대장이 아니다. 가장은 각 가정의 환경에 따라 엄마도 될 수 있고, 아빠도 될 수 있다. 나는 습관의 리더는 엄마고 행복의 리더는 아이가 될 수도 있지만, 가정을 리드하는 가장은 아빠가 계시다면 아빠였으면 좋겠다. 부부는 동등하지만 동등함을 요구하기보다 엄마가 아빠를 세우면 아빠도 엄마를 세워준다.

내가 먼저 남편을 세워주니 처음에는 어색해서 적응하는 시간을 가지더니, 익숙해진 후에는 자연스럽게 아이에게 엄마를 세워주는 모습을 보였다. 서로 세워주는 모습에서 인성이 자란다. 다음은 실천하고 있는 우리 집 가장 세우기다.

첫째, 부모출입 매필기립(부모님께서 나가시거나 들어오시면 매양 반드시 일어나 서야 함)을 실천하자.

둘째, 존댓말을 사용하자.

셋째, 먼저 드시게 하자.

넷째, 감사하자.

다섯째, 의논 드리자.

여섯째, 가장의 가장을 섬기자.

첫째, 부모출입 매필기립을 실천하자.

부모님이 출입을 하실 때는 매번 일어서서 인사를 해야 한다. 친정 엄마는 아빠가 출입하실 때마다 인사하도록 교육하셨다. 조금 귀찮아서 모른 척하는 날은 친정 엄마의 불호령을 받았다.

요즘은 가족들끼리 모여서 이야기를 하다가도 아빠가 들어오시면 방으로 흩어지고, 강아지만 반긴다는 유머가 있다. 아빠가 들어오셔도 엄마는 설거지, 아이는 공부 등 하던 일을 계속 하고 있다는 이야기를 듣는다. 아빠가 아이들 공부하는 방으로 가서 인사하는 자녀출입 매필기립으로 바뀌어 버렸다.

나도 출산하기 전까지 남편이 출근할 때는 "잘 갔다 와", 들어오면 설거지 등 집안일을 하면서 "왔어"라고 했다. 산후조리를 도와주러 오신 친정 엄마께 혼났다. 가장을 대접하고 보내야 밖에서 기가 살고, 편안한 마음으로 집으로 돌아온다고 하셨다.

지금은 실천하는 교육으로 남편이 출퇴근을 할 때 하던 일을 멈추고 현관문까지 가서 허리 숙여 인사한다. 아이가 어렸을 때는 아빠가 오시는 소리에 오버해서 방방 뛰며 환영하는 흉내를 냈다. 아이는 지금도 아빠가 오

시면 방방 뛰며 아빠를 맞이한다. 아빠와 딸의 관계는 서로 환영하는
관계다.

아이는 습관이 되어 택배기사님이 오셔도 자동으로 현관으로 나가 인
사를 한다.

둘째, 남편에게 존댓말을 사용하자.

직장상사에게 반말을 사용하지는 않는다. 집안의 가장에게도 존댓말을
사용해야 한다. 연하, 동갑내기 부부라 하더라도 존댓말을 사용하자. 사회
의 계급은 나이순으로 정해지지 않는다. 반말은 명령하는 느낌, 존중하지
않는 느낌을 준다. 남편에게 존댓말을 사용하면 가는 말이 고와지고 돌아
오는 말도 고와진다.

셋째, 먼저 드시게 하자.

각 가정에서 음식을 먼저 먹는 사람은 대부분 아이들이라고 한다. 음식
을 먹을 때는 가장이 먼저 수저를 든 다음 "맛있게 먹겠습니다" 인사하고
먹게 하고, 가장이 안 계실 때는 그 다음 어른이 먼저 수저를 들 때까지
기다리게 하자. 찬물도 순서가 있다. 순서를 가르치는 일은 사회인으로
생활하는데 중요하다. 대장 대접을 받던 아이들은 사회의 명령체계, 계
급체계에 적응을 못하는 경우가 많다. 군대에 적응을 어려워하는 군인들
도 늘어나고 있다.

가장이 안 계실 때 특별한 음식을 먹게 되면 가장 음식을 다른 그릇에

먼저 담아 두고 먹게 하자. 따로 담아 둔 음식이 상해서 버리게 되더라도 음식을 아까워하지 말고, 아이 버릇 나빠지는 것을 안타까워해야 한다. 먼저 드시게 하는 예의에서 어른을 섬기고 겸손함과 기다림을 배운다.

넷째, 감사하자.

우리 집에서는 우리가 편안하게 살 수 있고, 공부할 수 있고, 필요한 물건을 살 수 있는 것 등이 아빠의 수고로움이라고 일깨워주고 항상 감사한 마음을 갖도록 한다. 음식을 먹을 때, 필요한 물건을 살 때, 공부에 필요한 책을 살 때, 여행을 갈 때, 문화생활을 할 때도 "아빠 감사합니다" 인사하게 한다. 부모님께 감사함을 가지도록 "엄마, 아빠 감사합니다"라고 해도 좋다.

나는 맞벌이를 해서 수입이 남편 만큼이었어도 나의 일은 선택이었고, 남편은 가정의 생계를 책임지기 위한 책임감을 가지고 있는 가장이기 때문에 아빠에게 감사하도록 한다. 엄마의 수고로움을 대접받기를 바라는 마음을 낮추고 가장을 대접해주니, 남편이 알아서 엄마의 수고로움을 아이에게 가르쳐 주고 있고, 아이도 스스로 엄마의 수고로움을 알아준다.

다섯째, 의논 드리자.

아이의 요구에 바로 반응하지 않는 게 원칙이다. 아이의 요구내용은 일단 들어주고 "아빠랑 의논 드려보자"고 한다. 실제적 결정권은 엄마가 더 많이 가지고 있지만, 표면적 결정권은 가장에게 있어야 한다.

"의논 드리자."

이 다섯 글자의 효과는 크다. 가장을 세워주는 것이면서 요구지능을 키워준다. 기다릴 줄 알고 조절하는 법을 배운다. 아빠가 돌아오시면 요구사항을 말하느라 바쁘다. 근거 있게 논리적으로 말하는 법을 배운다. 아빠랑 대화거리가 된다. 협상의 기술을 배우는 기회가 된다.

미국 스탠퍼드 대학의 심리학자 미셸 박사는 마시멜로로 만족지연 능력의 효과를 보여주는 실험을 했다. 마시멜로를 15분간 먹지 않으면 1개를 더 주겠다고 제안하고 아이와 마시멜로를 남겨두고 실험자는 방 밖으로 나간다. 홀로 남겨진 아이들 가운데 참지 못하고 먹는 아이도 있었고, 끝까지 기다려 1개를 더 받는 아이도 있었다.

15분을 기다려 마시멜로 2개를 먹은 학생은 전체의 30퍼센트였다. 14년 후 실험에 참가했던 아이들을 추적해 그들의 삶을 비교했다. 만족지연을 했던 아이와 그러지 못했던 아이의 대학능력평가 점수 차이는 210점이나 났다. 또 지연시간이 짧았던 아이들일수록 순간적인 충동을 제대로 조절하는 법을 익히지 못했고, 정학 처분을 받는 빈도도 높았다.

아이의 요구에 바로 반응하지 말고 "의논 드리자"를 사용하자. 가정을 다스리는 가장은 아빠이지만, 가장을 다스리는 사람은 엄마다. 가장이 가장다워지기를 바라지 말자. 가장은 절대 혼자서 가장다워질 수 없다.

가족보다 술자리를 더 좋아하는 남편, 가정일보다 회사일을 더 열심히 하는 남편, 육아보다 게임을 더 좋아하는 남편, 집안일보다 본인 몸 가꾸는 운동만 열심히 하는 남편, 육아 좀 부탁하면 아이와 싸우는 남편(TV를 틀어주는 남편), 집안일 좀 부탁하면 반쪽만 하는 남편들이다. 세상에 완전한 사람은 없다. 완전한 사랑만 있을 뿐이다. 반쪽짜리 남편을 완전히 사랑하면 완전한 남편으로 보인다. 가장다워서 완전한 남편이라서 가장 대접을 하는 것이 아니라, 아이의 아빠라서 가장 대접을 해야 한다. 엄마가 지혜로워야 가정이 바로 선다. 가정이 바로 서야 아이들의 인성도 바로 선다.

여섯째, 가장의 가장을 섬기자.
효도는 가정인성의 기본이다. 부모는 자녀의 똥을 치워주고, 밥을 먹여주고, 아프면 밤잠을 세우며 보살피고, 아이가 말을 못 알아들을 나이에는 같은 말을 수백 번 반복해주면서 사랑으로 키운다. 그 부모가 늙었다. 사랑으로 키운 자식이 똥도 더럽다 하고, 아프면 짐이라고 하고, 같은 말 여러 번 하게 하면 버럭 짜증을 낸다. 사랑과 정성으로 키운 자식이 나를 짐으로 생각한다면 우리 마음은 어떨까?

요즘 부모들은 효도 받으려고 하지 말고 노후대책 빵빵하게 해두어야 한다고 한다. 노후대책과 효도는 별개의 문제다. 효도는 받고 싶은 것이 아니라 자식이 부모에게 효도하는 것은 당연한 도리다.

나의 첫 번째 노후대책은 인성습관으로 부모에게 효도하는 자식으로 키우는 것이고, 습관육아로 행복한 인생의 주인으로 살도록 하는 것이다. 두 번째 노후대책은 돈보다 가치 있는 삶이다. 죽기 전에 얼마나 풍족한 생활을 했고 많은 돈을 가지고 있냐보다 '이만하면 부모님이 주신 몸 가치 있게 잘 쓰다 간다'는 평가를 스스로 할 수 있는 삶이다.

효도는 부모님에게 하는 것으로 양가 부모님 모두를 잘 섬기는 것은 당연한 것이지만, 인성은 가르치는 것이 아니라 보여주는 것이기 때문에 가장을 섬기는 모습이 선행되어야 가장을 세울 수 있다.

친정 엄마는 늘 "우리는 올케언니가 잘해주니까 너는 시어른께 잘하라"는 말씀을 하신다. 효도는 마음으로 하는 것이라고 하지만 돈이 안 들 수는 없다. 부족한 딸자식인 나는 마음으로 하는 효도는 양가 부모님께 하고 돈이 드는 효도는 시아버님께 먼저 하게 된다. 친정 엄마의 말씀처럼 시어른께 잘하는 것이 친정 부모님께 효도하는 일이라는 위안을 삼는다.

아버님을 요양원으로 모시고 뵈러 가는 날이 더 잦아졌다. 주말에 친구들과 놀고 싶은 아이는 할아버지를 뵈러 가는 날을 싫어한다. 할아버지 뵈러 가는 날은 본인을 빼고 가라고 한다. 공부와 놀이는 앞으로 많이 할 수 있고, 효도는 할 기회가 많지 않으며, 지식 공부보다 할아버지 뵙는 일이 더 큰 공부라고 단호하게 가르쳤다.

아버님 이야기를 들어 드리고, 맛있는 음식 먹을 때 한번 생각해 드리고, 뵈러 가는 길을 즐겁고 감사한 마음으로 간다. 효도를 책으로 백번 가르치는 것보다 한번 보여주는 것이 낫다. 부모의 모습으로 보고 또 《사자소학》으로 효를 읽으니 재미있나 보다. 할아버지께 효도는 어떻게 해야 하는지 나에게 가르쳐 준다. 그리고 부모가 부모님께 효도하는 마음을 존경하기 시작했다.

인성은 가정에서 배우는 교육이다. 가정을 세우고 가장을 세우는 일이 아이의 인성습관을 길러준다. 인성은 운을 부른다. 운을 부르는 사람이 되고 싶다면 인성을 키우자. 인성습관으로 좋은 기회를 얻은 사람들의 이야기도 많다. 면접에서 바닥에 떨어져 있는 압정을 주어 채용된 이야기, 면접을 보고 나오는 길에 떨어진 휴지를 줍는 행동으로 〈바람과 함께 살아지다〉의 캐스팅된 여주인공이야기, 허름한 노인에게 비를 피하게 해주었는데 어느 회장의 어머니여서 좋은 회사에 스카웃되었다는 실화가 있다.

나도 인성으로 운을 부르는 사람이다. 인성습관을 노력하면서부터 인복이 많다는 소리를 듣는다. 지나온 삶을 돌아봤을 때 인복이 참 많다. 노력하는 인성의 향기가 좋은 사람을 부르는 것이라 생각한다.

우리는 품격 있게 늙고 싶어 한다. 추하게 늙고 싶은 사람은 아무도 없지만 본인들도 모르게 나오는 추한 습관들로 품격을 잃어간다. 노사연의 〈바램〉이란 노랫말처럼 늙어가지 말고 익어가자. 익어간다는 것은 모습만 어른 사람으로 살아간다는 것이 아니라, 어른사람의 습성을 가지고 어른사람다운 말과 행동을 하면서 살아간다는 것이다. 인성습관으로 아이에게 가정과 운을 선물하자.

04
생각습관

말에 힘이 있고 씨앗이 있듯이 생각에도 힘이 있고 씨앗이 있다. 어떤 생각의 씨앗을 키우며 살기를 바라는가.

주인으로 살게 하고 싶은가, 노예로 살게 하고 싶은가?

노예는 시키는 대로 하는 습성이라 생각의 쓰임이 적고, 주인은 스스로 생각하고 판단하는 습성이라 생각의 쓰임이 많다.

노예로 키우고 싶지 않다고 하면서 노예로 키우고 있고, 주인으로 키우고 싶다면서 주인공으로 키우고 있다.

'주인'과 '주인공'은 다르다. '주인'은 주체가 되지만, '주인공'은 중심이 된다. '주인'은 삶에 주체가 되어 스스로 생각하고 판단하고 책임지지만,

'주인공'은 자기가 중심이 되는 생각을 한다. 노예냐 주인이냐, 주인이냐 주인공이냐는 생각습관의 차이다. 노예도 주인공도 아닌 주인으로 살 수 있도록 생각을 주자. 우리는 아이들에게 생각이 무엇인지 가르쳐주지 않고, 생각할 시간을 주지 않고, 생각을 말하라고 하고 생각하는 아이가 되라고 한다.

엄마와 초등학교 2~3학년쯤 되어 보이는 남자 아이가 생각의 집을 짓는 재료가 가득한 도서관에 왔다. 엄마와 아이를 관찰하는게 습관이 되어 버려 자연스럽게 눈길이 갔다. 엄마는 팔짱을 끼고 굳은 얼굴 표정을 하고 있고, 아이는 무엇인가를 잃어버린 당황스러운 표정을 짓고 있다.

엄마는 아이에게 냉정한 목소리로 독촉하고 있었다.

"다시 생각해봐. 그냥 말하지 말고 생각을 해."

아이가 무어라 대답을 했는데 엄마는 "다시"라고 했다. 아이는 생각을 말하는데 엄마는 자꾸 다시 생각(정답)하라고 한다. 아이가 간신히 정답을 말하고서야 다음 문제로 넘어갈 수 있었다. 생각을 정답과 혼돈하여 사용한다.

생각의 힘을 키우는 수업을 해보니, 겨우 8~9년을 산 아이들이 생각하기보다 정답 말하기에 익숙해져 있었다. 생각을 묻는데 정답을 찾는 아이들에게 "시험문제에는 정답이 있지만, 생각에는 정답이 없다. 생각은 맞고 틀리는 것이 아니라 다를 뿐이니 생각 말하기를 두려워하지 말라"고 말한다.

생각을 키워주자는 욕심을 버리고 생각이 무엇인지 먼저 알려주어야 했다. 생각보다는 정답을 강요하는 사회에서 아이가 잃어버린 것은 '생각'이었다. 아이가 잃어버린 생각을 찾아 자기 인생에 주인으로 살 수 있도록 생각하는 힘을 키우는 생각습관을 갖도록 돕자.

내 아이는 생각을 가지고 노는 주인으로 키우고 싶었다. 규칙과 원칙이 지배하는 조기교육이 생각을 제한한다는 판단으로 자유롭게 키우려 노력했다. 가끔 생각을 잃어가고 있는 아이가 느껴질 때마다 유치원, 학교를 보내지 말아야 하나를 고민했지만, 공동체 속에서 생각이 자유로운 아이가 미래의 인재임을 명확히 알기에 생각의 힘을 키우는 책임은 엄마가 지기로 했다.

아이들에게 생각을 돌려주는 일에 나라 전체의 노력이 필요하다 생각하지만, 나라 탓하지 말고 내 아이는 내가 지키자. 엄마라도 생각을 주자.

첫째, 생각이 무엇인지 알려주자.

둘째, 생각할 시간을 주자.

셋째, 물음표만 주지 말고, 문장부호를 주자.

넷째, 생각연습을 시키자.

다섯째, 생각할 기회를 주자.

여섯째, 생각을 다르게 하자.

첫째, 생각이 무엇인지 알려주자.

엄마 공부 좀 한다는 엄마들이 요즘 유행한다는 유대인 생각에 관한 부모교육을 듣고, 마음이 급해서 바로 생각 키우기에 돌입했다. 어느 날부터 갑자기 엄마가 "네 생각은 어때?"라고 묻기 시작한다. 생각이 무엇인지 모르는 아이들, 정답 찾기에 익숙해 생각습관이 서툰 아이들은 환장할 노릇이다.

생각의 힘이 강한 유대인들의 말습관이 "마따호쉐프(네 생각이 어때?)"이다. 유대인은 어릴 때부터 생각습관을 키우는 민족이다. 우리 아이들과 교육환경이 다르다. 우리 아이들에게는 '없는 생각'을 억지로 끌어내려고 하지 말고, 먼저 '생각이 무엇인지' 알려주어야 한다. 엄마가 정답을 정해 놓고 아이의 생각을 물어보는 습관을 버리고, 아이의 생각을 묻기 전에 엄마의 생각을 들려주어야 한다. 간단하다. "엄마 생각에는~"이라는 말을 자주 사용하면 된다.

> "엄마 생각에는 정리해야 한다고 생각해."
> "엄마 생각에는 어떤 점이 잘못이라고 생각해."

좀 익숙해지면 '왜냐하면'을 덧붙이자. 정답에 익숙한 아이들은 '왜냐하면'이라는 근거가 있는 생각을 빼고 결론을 말하는 습관이 있다.

> "엄마 생각에는 지금 정리를 해야 한다고 생각해. 왜냐하면 손님이 오시거든."

왜냐하면은 나의 생각을 뒷받침해주는 근거인 셈이다. "엄마 생각에는 ~"이라는 말은 아주 간단하지만, 생각 키우기의 효과는 숫자로 표현할 수 없을 만큼 크다. 엄마의 생각을 들려주어 '생각이란, 눈에 보이지 않는 상상, 창의, 판단, 관심, 유머 등의 표현'임을 알게 해야 한다.

'왜냐하면'이라는 말로 생각을 뒷받침해 주어 근거 있는 생각하는 연습을 하게 하자. 아이들이 왜냐하면을 말하기 시작하면 말대꾸하지 말라고 혼내는 부모들이 있다. 왜냐하면은 말대꾸가 아니라 아이의 생각이다.

둘째, 생각할 시간을 주자.

앞만 보고 달리는 아이들에게 더 열심히 달리라는 채찍을 거두고 생각할 시간을 주자. 열심히 앞만 보고 달리는 상태에서 생각을 하면서 달리라고 하면 중심을 잃고 자기 발에 걸려 넘어진다.

쉬어가는 시간이 필요하다. 생각은 시간의 여유가 있을 때 활발히 이루어진다. 뒹굴뒹굴하는 여유, 다른 사람의 생각을 듣는 독서의 여유, 자연을 느끼는 여유, 쉬어가는 여유를 주자. 학교 끝나면 학원, 학원 끝나면 또 학원, 또 학원 끝나면 숙제, 숙제 끝나면 자야 할 시간이다. 아침에 눈뜨는 순간부터 잠드는 밤까지 빨리빨리 달려야만 하는데 생각은 도대체 언제 해야 할까?

셋째, 물음표만 주지 말고, 문장부호를 주자.

생각하는 민족 유대인 엄마들은 아이가 학교를 다녀오면 "오늘은 무슨 질문을 했니?"라고 묻고 이 질문이 생각을 키운다고 하니, 우리나라 엄마들이 질문하기 시작했다.

"왜?"

"왜 그렇게 생각해?"

엄마들은 '왜?'를 질문으로 사용하지만, 질문이 익숙하지 않는 문화 속에서 자라고 있는 아이들은 추궁이나 간섭으로 받아들인다.

왜? → 어떻게 된 일인지 궁금해! 너의 생각이 듣고 싶어. / 그렇게 생각하는 까닭이 무엇이니?

이렇게 바꾸어서 생각을 편안하게 말할 수 있는 기회를 주자. 문장부호는 1학년 교과서에 '물음표, 느낌표, 쉼표, 마침표'라고 나온다. 요즘 '질문' 하는 것이 부모교육 트렌드라고 하니, 아이 인생에 물음표만 던진다. 아이들은 4가지의 문장부호를 다 배웠는데 물음표만 사용하면 감동도 생각하는 여유도 결론도 부족하게 된다. 느낌표, 쉼표를 충분히 느낄 때 물음표가 생긴다.

감동을 느끼게 하고 좀 쉬어가게 하면 아이 스스로 질문을 가지게 된다. 예를 들면 책을 읽고 "어떤 내용이니? 왜 그랬을까?" 등의 질문으로 정답에 지치게 하지 말고, "엄마가 책 속의 이 아이라면 신발을 잃어버려서 당황스러울 것 같아 어쩌면 좋지?"라고 하는 것이다.

느껴보고(느낌표) 생각을 하는 시간(쉼표)을 주면 '신발을 어떻게 찾을까?' 등의 물음표(질문)와 '어떻게 하면 된다'는 마침표(생각)를 아이 스스로 사용한다.

정답을 요구하는 질문만 하지 말고 생각을 끌어주는 질문을 하게 하자.

생각을 끌어주는 질문은 엄마가 아이에게 하는 질문이 아니라 아이 스스로 하는 질문이다. 앞의 예처럼 엄마가 문장부호를 골고루 사용하면 아이 스스로 질문하게 된다.

넷째, 생각연습을 시키자.

어느 책의 제목처럼 생각대로 살지 않으면 사는 대로 생각하게 된다. 어릴 때부터 생각신호에 반응하기, 선택하기, 비교 선택하기로 생각연습을 시키자. 생각도 연습이 필요하다.

아이들이 보내는 첫 생각신호는 "이게 뭐야?"다. 생각신호에 즉각 정답을 말해주어 생각을 막지 말고 '들어주기-되물어주기-생각 덧붙이기'로 생각연습을 시키자.

> 아이: 이게 뭐야? (생각신호)
>
> 엄마: 궁금한 것이 생겼네. 이게 궁금한가 보네, 궁금쟁이네.(표정을 밝게 환영하며 들어준다.) 이게 뭘까? 이게 뭐지? 엄마도 궁금하네.(되물어주기) (아이의 집중시간은 짧다. 5초 정도로 숨 한번 쉴 만큼 짧게 주어 생각할 준비를 하게 하자.)
>
> 엄마: 만져보니 딱딱하네. 뭘까? 냄새 맡아보니 달콤하네. 뭘까?
>
> (생각 덧붙이기)

생각신호에 반응하는데 길어야 5분이다. 그 짧은 시간 동안 쉼표, 물음표, 느낌표를 사용하는 생각연습은 우주를 담을 수 있는 생각의 그릇을 키운다.

조금 더 크면 선택의 기회로 생각연습을 시키자. 무엇인가를 선택해야 할 때 생각을 하게 된다. 아이들의 수준에 맞게 둘 중에 하나를 선택하게 하고 일상생활에서 쉽게 할 수 있는 것들로 선택의 기회를 주어야 한다.

〈A와 B 둘 중 하나 선택하기〉

엄마: 간식 챙겨 주면 먹을래?

아이: 아니요. (싫다고 하면 주지 말자. 먹기 싫어도 주는 대로 먹어야 하는 게 노예다. 이때는 엄마가 "먹고 싶을 때 얘기해"라고 말하면 된다.)

예. (먹고 싶다는 표시도 선택이다.)

엄마: 먹을 수 있는 간식으로 사과, 귤이 있는데 뭐 먹을래?

(제발! 주고 싶은 대로 먹게 하지 말고, 먹고 싶은 대로 주자.)

아이: 사과요.(또는 둘 다요.)

인생은 선택의 연속이다. 선택도 해본 아이들이 할 줄 안다. 둘 중 선택하기 경험으로 선택의 개념이 생기고 생각연습이 되었다면 다음은 장점으로 선택하게 하자. 내 아이는 생각연습을 일찍 시작했기에 5살부터 장점을 비교하고 선택하도록 했다. 연습이 충분히 된 지금은 엄마가 매번 장점을 설명하지 않고 아이가 장점을 비교하고 선택한다.

비교하기를 시작할 때 단점 비교는 불평, 불안, 탓하는 습관연습이기 때문에 긍정적인 생각을 하게 하는 장점 비교를 하게 한다.

〈장점으로 선택하기〉

엄마 : 청소 1시간 정도 하고 마트 가야 하는데 같이 갈래? 집에 있을래?
(엄마가 가야 하는 곳으로 끌고 다니지 말고 아이의 생각으로
다닐 수 있도록 선택의 기회를 주자. 어린아이들은 혼자 집에
있기를 선택하는 경우는 거의 없다. 어차피 엄마의 목적지로
같이 갈 수밖에 없지만 아이의 선택으로 가는 것과 엄마를 따
라다니는 것은 다르다.)

아이 : 저는~ (대답은 자유, 생각 들어주기)

엄마 : 집에 있으면 힘들게 따라다니지 않아도 되는 장점이 있고, 마트
에 가면 혼자 있지 않아도 되는 장점이 있어. (아이는 엄마 따라
다니는 걸 싫어하고, 집에 혼자 있는 걸 싫어했다.) 청소 끝날 때
까지 생각하고 알려줘. (생각할 시간을 준다.)

아이의 최종 대답은 자유다. 하지만 마트에 가기를 선택해놓고 힘들다고
징징거릴 때도 있다.

엄마 : 힘들지! (느낌표를 사용해서 아이의 느낌을 함께 느껴준다.)
힘들다는거 알고 선택했잖아.(선택에는 책임이 따른다는 것을
느끼는 말만 해준다.)

여기에서 마침표를 사용해야 한다. 더 이상의 아이의 이해를 돕기 위한
말도 선택에 책임이 따른다는 가르침도 필요 이상의 잔소리가 된다.

〈장점과 단점 비교하여 선택하기〉

선택을 편안하게 받아들일 때쯤 장단점 비교하기를 한다.

A의 장점은~, 단점은~ / B의 장점은~, 단점은~

엄마가 먼저 비교를 해주고 아이 생각을 덧붙여도 좋고, 아이가 먼저 비교를 하고 엄마 생각을 덧붙여도 좋다. 꼭 장점이 많은 쪽을 선택할 필요는 없다. 비교 설명은 좋은 것을 선택하기 위해서가 아니라 통찰력, 관찰력, 비판력, 사고력, 책임감을 키우는 것이 목적이다. 아이의 선택에 탓하지 말고 질책도 하면 안 된다. 무엇을 선택해도 장단점이 있기 때문에 약간의 후회는 따르는 법이다. 후회도 아이의 몫이다.

엄마의 명령과 지시로 생각의 쓰임 없는 노예로 키우지 말고, 일상생활에서 쉽게 할 수 있는 생각연습으로 생각의 쓰임이 많은 주인으로 키우자.

다섯째, 생각할 기회를 주자.

부모가 아이에게 바르게 하는 법을 알려주느라 생각할 기회를 막는 경우가 상당히 많다. 예를 들면 어릴 때는 오른발, 왼발 신발을 바꾸어 신는 경우가 많다. 엄마들은 신발을 바꾸어 신으면 바로 신기려고 노력한다. 바꿔 신으려고 하는 순간 맞게 신도록 가르치기도 하고, 바꿔 신으면 맞게 바꿔 신기기도 한다. 생각할 기회를 막고 있다는 사실을 모른다.

이 시기에는 오른발, 왼발 백번 가르쳐도 모른다. 오른발, 왼발에 대한 개념은 초등 입학 전후로 생긴다. 바꾸어 신고 걷다가 불편하면 '왜 그럴까?'를 생각한다. 생각은 해보지만 말로 표현은 못한다. 아이의 걸음이 이상하면 "발이 불편하니?"라고 물어주고 "신발이 바뀌어서 그래"라고 말만 해주면 된다.

식당에서 초등학교 2~3학년쯤 보이는 아이와 부모가 음식을 기다리며 비닐장갑을 끼고 있었다. 오른손, 왼손 비닐장갑을 잘못 넣으려는 순간 아빠는 "손 바뀌었어" 하며 생각을 막았다. 잘못 끼면 스스로 생각하고 다시 끼면 된다. 별거 아닌 것 같지만 아이에게는 생각이 크는 과정이다. 아이의 생각이 크는 과정에 부모가 개입하지 말고 스스로 잘못한 점을 알고 다시 생각할 수 있는 기회를 주자. 생각할 기회는 학원, 학교에서보다 아주 작은 일상에서가 더 많다. 일상생활에서 잘못한 경험이 오히려 생각할 기회가 된다.

여섯째, 생각을 다르게 하자.

창의적인 생각은 전혀 새로운 사실을 만들어 내는 것보다 기존 사실을 다르게 생각하는 것에서 시작된다. 자연의 법칙처럼 당연하게 생각하고 있는 일상경험을 다르게 해보자.

예를 들면 아이와 늘 함께 다니는 길이 익숙해질 때쯤 다른 길로 가보는 것이다. 목표지점에 가는 길이 한 길만 있는 게 아니라 여러 갈래의 길이 있다는 것, 가장 빠른 길이 좋은 것만은 아니라는 것, 좀 돌아가도 된다는 것을 느끼게 해줄 수 있다. 가는 길에 만나는 다양한 풍경이 생각거리의 재료가 되어 서로의 생각을 나누고 키울 수 있다. 유치원 가는 길도 다르게, 놀이터도 옆 아파트 다른 놀이터로, 마트 가는 길도 다르게, 일상도

새롭고 다르게 경험할 일이 참 많다. 엄마들이 습관처럼 가는 그 길을 조금씩 다르게 가보아도 다르게 생각하는 경험이 된다.

다르게 생각하기를 방해하는 것은 어른들이 질서 유지를 위해 만들어 놓은 많은 규칙들이다. 많은 규칙은 생각을 제한한다. 생각하는 아이들에게는 최소한의 규칙만 필요하다. 교사 장학지도를 할 때 가장 많이 피드백을 했던 것이 규칙 정하기였다. 교사는 수업이 잘 진행되도록 많은 규칙을 만든다. 아이들은 활동을 시작하기 전에 규칙을 듣다가 지친다. 사회적 기술이 부족해서 반칙을 하는 게 아니라, 선생님이 만든 규칙이 너무 많아서 기억할 수 없어서 반칙을 할 수밖에 없다.

반칙을 하면 벌점도 준다. 벌점 받은 아이가 다음에 규칙을 잘 지킬까? 그 아이는 또 반칙한다. 왜냐하면 규칙을 거부하는 성향이기도 하고, 생각하는 아이이기도 하기 때문이다. 규칙을 잘 지키는 아이는 순응하는 성향으로 다르게 생각하기보다 그대로 받아들이기 때문에 융통성이 부족할 수 있다. 규칙 준수의 교육은 다른 생각을 방해한다. 꼭 필요한 아주 최소한의 규칙만 주어 규칙을 지킬 수 있게 하고, 생각을 다르게 할 수 있도록 하자.

생각을 다르게 하기 위해서는 다른 사람의 생각을 들어야 한다. 읽는 습관과 생각습관은 짝꿍이다. 읽는 습관으로 다른 사람의 생각을 듣게 한 후에 말습관, 쓰기습관으로 생각을 표현하게 하자. 아이와 토론은 생각을 다르게 하는 좋은 방법이다. 우리 집은 토론거리를 신문 읽기에서 찾는다. 신문은 우리의 대화를 고급지고 품격 있게 해준다. 대화거리가 없으면 '뭐 하고 놀았는지, 누구랑 놀았는지, 학교에서 뭐 배웠는지' 등의 대화를 한다.

그것마저도 없는 날은 '씻어라, 숙제해라, 먹어라' 등 엄마의 일방적인 지시만 있다.

예를 들면 신문기사에 나온 필리핀 9세부터 형사처벌을 어떻게 생각하는지가 대화의 재료가 된다. 형사처벌에 대한 생각을 말해 보는 거다. 아이가 생각하기에는 어렵지 않을까라고 생각하는 엄마들도 있겠지만 아이들도 생각은 다 있다. 엄마가 정해놓은 규칙, 기준, 정답 때문에 생각을 말하고 다르게 생각하는 기회가 부족할 뿐이다. 다른 사람의 생각을 들어서 나와 생각이 같을 수도 있고, 다를 수도 있음을 알게 하자. 나의 생각을 말하기 위해서 다른 사람의 생각을 듣는 것도 중요하다. 다른 사람이 말하는 것을 듣지 않고 나의 말만 하는 것은 우기기가 되고 아집이 된다. 일상생활에서 조금만 말을 바꾸고 생각을 바꿔도 생각습관이 자란다. 생각습관으로 주인의 삶을 선물하자.

사랑습관

아이를 사랑하십니까?

남편을 사랑하십니까?

시부모님을 사랑하십니까?

자신을 사랑하십니까?

'아이를 사랑하느냐?'는 질문에 밝았던 표정이 남편, 시댁으로 넘어가면서 조금 어두워지다가 '자신을 사랑하느냐?'는 질문에 한숨을 내쉬거나 눈시울이 붉어진다. 엄마는 자신보다 가족을 사랑하는 사람이다.

친정 엄마도 그렇게 자식들을 키우셨지만, 친정 엄마의 사랑을 받고 자란 것 같지 않아서 사랑으로 키우신 거 맞냐고 물어봤다가 혼만 났다. 사랑으로 키웠더니 혼자 큰 것처럼 생각하는 딸의 질문이 못마땅하셨던 모양이다. 엄마는 사랑으로 키우셨는데 딸은 사랑을 못 받고 자란 것 같다.

엄마들이 주고 있는 사랑을 아이들이 받고 있을까?

사랑의 주인은 사랑하는 쪽이 아니라 사랑받는 쪽이다.

사랑을 했어도 받는 쪽에서 느끼지 못했으면 부족한 사랑이다.

사랑하는 쪽에서 작은 사랑을 했어도 받는 쪽에서 크게 느끼면 큰 사랑이다.

사랑을 했어도 받는 쪽에서 아팠다면 잘못된 사랑이다.

닭다리를 좋아하는 남편과 닭날개를 좋아하는 아내의 이야기가 있다. 남편은 사랑하는 아내를 위해 좋아하는 닭다리를 양보하며 살았다. 아내는 좋아하는 닭날개를 양보하고 남편이 준 닭다리만 먹었다. 남편은 아내를 사랑했지만, 아내는 사랑 받지 못했다. 사랑 받지 못한 아내는 결국 이혼을 요구했다. 닭 한 마리로 이혼을 하느냐고 할 문제가 아니다. 닭 한 마리는 사랑의 매개체일 뿐이다. 무엇의 다름일까? 사랑방식의 다름이다.

엄마가 주는 사랑방식과 아이가 원하는 사랑방식이 다른 건 아닌지 살펴보면서 살자. 사랑을 받아 본 사람이 사랑을 할 줄 안다지만 친정 부모로부터 받은 사랑방식이 서툴러도 괜찮다. 부족해도 괜찮다. 자기가 자신을 사랑해주면 된다. 자기가 원하는 사랑은 자신이 제일 잘 알고 있다. 남편, 시부모, 친정부모가 사랑해 주기를 바라지 말고, 자기가 사랑해 주면서 살자.

습관육아의 10개의 습관 중 제일 힘든 습관이 사랑습관이었다. 나의 잘못된 사랑습관으로 아이를 너무 아프게 했고, 내 안에 부족한 사랑을 남편,

시댁의 사랑으로 채워주길 바라면서 스스로 상처를 만들었다. 지금은 아픈 아이의 마음과 상처받은 마음을 달래가면서 조심스럽게 사랑습관을 실천해가고 있다. 사랑습관은 자기 안에 사랑을 채우면서 아이와 사랑을 주고받으며 사랑의 크기와 방식을 조율하면서 서로 키워가는 거다. 실천하고 있는 사랑습관은 사랑을 주는 입장에서가 아니라, 사랑받는 아이의 입장을 살피며 가는 방법이다. 엄마가 주는 사랑방식에 법칙은 없지만, 아이 발달에 따른 사랑방식은 달라야 한다.

영아기에는 본능적인 무조건의 사랑이 필요하고,
유아기에는 격려의 사랑이 필요하고.
초등기에는 기다려주는 사랑이 필요하고,
사춘기 이후에는 냉정한 사랑이 필요하다.

'영아기'에는 본능적인 무조건의 사랑이 필요하다.
무조건적인 사랑은 아늑한 엄마 배 속에서 나와 마주하는 세상이 불안하고 무서울 아이에게 안전한 곳이라는 믿음을 주는 일이다. 안전함을 느끼게 하는 애착을 형성하는 일이 중요하다. 애착은 꼭 엄마가 아니어도 생후 3개월 이후에 길러주는 사람과 형성하면 된다고 하지만, 각인 이론으로 해석하면 할머니가 길러주면 할머니를 엄마로 각인하고, 선생님이 길러주면 선생님을 엄마로 각인한다. 그러므로 이 시기에는 엄마의 자리를 지키라고 말하고 싶다. 낳아준 엄마가 무조건적인 사랑을 주면 좋겠다. 이 시기에는 엄마품에서 무조건적인 사랑을 받으며 자랄 권리가 있다. 내 아이만 사랑해도 되는 유일한 시간이다. 또래의 아이들이 있는 곳에 가면 하지 말아야 할 행동들이 많아서 '이놈' 하고 혼내게 되니, 이 시기에는 가급적 엄마품의 안전기지에서만 키우면서 무조건 내 아이만 사랑해주자.

애착과 함께 안전한 환경 만들기가 중요하다. 아이가 생활하는 공간에 위험한 물건은 다른 곳으로 치우고, 잠금장치는 가급적 사용하지 말고 마음껏 탐색하고 만지게 하자. 엄마들이 사용하는 물건을 못 만지게 하는 잠금장치는 아이의 왕성한 호기심 잠금장치가 된다.

예를 들어 주방 싱크대 밑을 잠금장치로 막아두지 말고 위험한 물건은 아이 손 안 닿는 곳으로 올리고 아이가 가지고 놀 수 있는 것만 두고 신나게 두드리고 놀게 하자. 옷장에서 옷을 꺼내는 재미, 책꽂이에서 책을 빼는 재미, 서랍에서 안전한 생활용품을 꺼내는 재미를 탐색하는 환경을 조성해주자.

아이가 20개월쯤 되었을 때 화분에 흙을 파기 시작했다. 방마다 있는 화분의 흙을 파먹고 바닥에 던졌다. 가르침 중독의 엄마는 화분을 치워 안전한 기지를 만들어 줄 생각보다 '흙을 먹으면 배가 아프다'는 원리를 가르치고 혼도 냈다.

영아기에 최고의 가르침은 무조건적인 사랑을 주는 일이다. 무조건적인 사랑은 눈먼 사랑이다. 사랑에 눈이 멀어 야반도주한 사랑이야기처럼 사랑에 눈이 멀어 엄마를 믿고 뭐든 할 수 있는 힘이 생긴다. 옳고 그름의 이치를 가르치고, 규율과 통제를 경험하는 일은 무조건 사랑을 충분히 받아

믿음이 생기는 시기가 지난 후에 해야 한다.

'유아기'에는 격려의 사랑이 필요하다.

무조건적인 사랑의 시기가 끝나면, 규율과 통제를 경험하면서 사회적 기술을 배워나가는 과정에 격려가 필요한 시기가 온다. 무조건적인 사랑이 아니라 적절한 훈육이 필요하다. 훈육은 화를 내는 게 아니다. 혼내는 것과 화내는 것은 다르다. 훈육은 덕으로써 사람을 인도하여 가르치고 기르는 일이다. 덕으로 가르치는 행위가 바로 격려의 사랑이다.

훈육할 때 매를 사용해도 되는지에 대한 질문을 받을 때가 있다. 올바른 행동지도를 위한 매를 '사랑의 매'라고 한다. 나는 그럴 때마다 사랑하기 때문에 때리는 남편을 어떻게 생각하느냐고 물어본다. 엄마들이 아이를 사랑하기 때문에 혼을 내고 화를 낸단다. 엄마가 혼낼 때는 아이가 실수할 때가 가장 많다. 아이에게 몇 번을 사랑으로 설명을 해주었는데도 같은 실수를 하면 알고도 실수를 했다고 격하게 혼낸다.

아이의 실수에 화가 날 때는 역지사지해 보자. 당신이 실수를 했다. 실수를 알게 된 남편이 눈을 부릅뜨고 소리를 지르며 화를 낸다면, 당신은 실수를 뉘우치며 다음에는 실수를 하지 말아야겠다 생각하는지 묻고 싶다. 어쩌다 한 번도 아니고 실수에 매번 화를 내는 남편이 나를 사랑하기 때문이라고 받아들일 수 있는지 묻고 싶다. 당신의 반복되는 실수에도 이해를 해주고 다음에 잘해보자며 격려하는 남편이라면 어떤가? 사람은 누구나 실수를 한다. 알고도 하고 모르고도 하는 게 실수다.

유아기에는 아이를 사랑하지 말고 실수를 사랑해야 한다. 실수와 실패는 다르다. 아이가 실수한 것을 마치 실패한 것처럼 화내는 일을 멈추고, 실수에도 격려하는 사랑을 하자. 작은 실수에 대응하는 법을 배우면, 훗날 인생의 더 큰 실수가 닥쳐오더라도 이겨낼 수 있는 방법을 알게 된다.

'초등기'에는 기다려주는 사랑이 필요하다.

자식에게 기다려주는 사랑을 하라고 하면, 기다림이 제일 어렵다고 한다. 기다림이 어려운 이유는 짝사랑이기 때문이다. 사랑을 할 때 조급한 마음을 보이는 쪽이 더 사랑하는 쪽이다. 짝사랑은 영아기 때만 필요한 사랑이다. 기다려주는 사랑은 밀당이다. 밀당을 잘하는 사람이 연애를 잘한다. 밀당을 잘하는 사람이 육아도 잘한다.

한국 엄마와 영국 엄마의 아침준비 시간을 보여주는 한 동영상의 내용으로 '기다려주는 사랑과 짝사랑의 이해'를 도울 수 있을 것 같다. 아침 시간 한국 엄마는 일어날 때까지 깨운다. 엄마 눈에 아직 어리기만 한 아이의 옷 골라주기, 입기를 도와준다. 지각할 것 같을 때는 기다리지 못하고 밥도 떠먹이고 양치도 도와준다. 아이는 여유롭고 엄마는 바쁘다.

아침시간 영국 아이는 혼자 일어나고 옷을 골라 입는다. 엄마는 기다려주다가 아이가 도움을 요청할 때만 관여한다. 지각할 것 같을 때는 지각을 예고하는 말만 한다. 한국 엄마는 아이를 짝사랑하고 있고, 영국 엄마는 기다려주는 사랑을 하고 있다.

기다려주는 사랑은 문제해결력을 키워준다. 문제해결력이 커진다는 것은 독립된 인격체가 되는 준비다. 아이들에게 필요한 능력은 지식을 외우고 암기하는 능력이 아니라 문제를 해결하는 능력이다. 스스로 문제를 해결하도록 기다려주는 사랑을 하고 도움을 요청할 때 기꺼이 도와주자.

아이가 초등학교 입학 후, 물건을 훔쳐 달아났다는 전화를 받았다.

"학원을 홍보하기 위해 길에 장난감을 전시해 놓았는데, 홍보하는 사람이 한눈을 판 사이에 ○○가 들고 도망을 쳤어요."

아이를 만나러 가는 동안 어떻게 해야 할지 혼란스러웠다. 아이에게 무슨 일이 있었는지보다 도둑질을 했다는 분노와 아줌마들 사이에 순식간에 퍼질 소문에 창피함이 앞섰다. 다행히 가는 길이 먼 덕분에 어릴 적 나와 만날 수 있었고, 아이에게 기다려주는 사랑을 줄 수 있었다.

나도 초등학생 때 물건을 훔쳤던 기억이 있다. 군것질이 하고 싶은데 돈을 안 주니 훔쳐 먹었던 것 같다. 정직을 강조하시던 아빠에게 딸의 도둑질은 상당한 걱정이셨을 텐데 혼내지 않으시고, '사람은 양심을 지키고 살아야 한다'라는 말씀만 해주셨다. 얼마 후 한 번 더 물건을 훔쳤을 때도 아빠는 조급해 하지 않고, '딸이 양심적이고 정직한 아이로 자라길 바란다'는 말씀만으로 기다려 주셨다. 이후에 물건을 훔치는 일은 한 번도 한 적이 없으며 매우 정직하게 살고 있다. 내 성적이 하위권으로 곤두박질칠 때도 공부에 대한 잔소리는 일절하지 않으셨다. "늘 정직하게 살아라, 성실하게 살아라"라는 말만 하셨다.

친정 아빠의 기다려 주는 사랑은 매보다 더한 매질이 되어 스스로를 다독이며 살아가는 힘이 되었다. 아이를 만나서 무슨 일이 있었는지를 물어

보았다. 아빠가 물려주신 기다리는 사랑을 보여주었다. 나는 딸에게 "정직한 아이로 자라길 바란다"고 말해 주었다. 아이는 그 후 바닥에 떨어진 물건도 자기 물건이 아니면 줍지 않는다. 기다려주는 사랑을 충분히 받은 아이는 스스로를 다독이고 격려할 줄 안다.

'사춘기 이후'에는 냉정한 사랑이 필요하다.

사춘기가 끝나면 사랑을 분가시켜야 한다. 결핍도, 실패도, 실수도, 사랑도 스스로 이겨나갈 수 있도록 두 눈 질끈 감고 사랑을 딱 떼어 내어 분가를 시켜야 한다. 엄마에게 받은 사랑보따리를 들고 세상으로 나아가 자기 힘으로 사랑습관을 키워가도록 보내주는 냉정한 사랑이 필요하다. 성인이 되면 결정해야 할 일도 많아지고, 큰일을 결정하고 처리해야 하는 일도 많아진다. 성인들 중 무엇인가를 선택해야 할 때 선택하지 못하고 고민만 하는 사람을 빗대어 '결정장애'라고 한다. 스스로를 결정장애가 있다고 말하는 사람들이 있다.

결정을 잘하지 못하는 사람의 내면에는 실수와 실패를 두려워하는 마음, 결정을 잘했다고 인정받고 사랑받고 싶은 마음이 있다. 실수와 실패를 두려워하는 마음은 실수를 사랑받지 못해서다. 인정받고, 사랑받고 싶은 마음은 사랑을 부족하게 받아서다. 사실 결정을 못하는 것은 결정장애가 아니라 사랑장애다. 온실 속에서 키우던 화초를 어느 날 갑자기 야생으로 옮겨 놓으면 환경에 적응하지 못하고 시들게 되는 것처럼 아이에게 필요한 사랑과 관계없이 엄마가 주고 싶은 사랑만 하다가, 어느날 갑자기 냉정한 사랑을 배워야하는 사회로 내보내면 사회 적응이 힘들어진다. 아이의 성장에 따라 필요한 사랑을 주어 사랑습관을 키우자. 사랑습관은 엄마 안에 사랑을 먼저 채운 다음, 아이의 발달에 따라 필요한 사랑을 살피며 주는 것이다. 사랑습관으로 자기를 있는 그대로 사랑하는 자존감을 선물하자.

06
꿈습관

꿈을 가꾸는 일은 참 행복한 일이다. 꿈습관과 행복습관은 짝꿍이다. 육신은 치장하고 화장하고 아무리 가꾸어도 시간이 지나면 늙게 마련이지만, 꿈은 가꿀수록 젊어진다. 몸을 유지하기 위해서는 5대 영양소가 필요하고, 정신을 유지하기 위해서는 꿈이 필요하다.

천상의 목소리 레나 마리아는 '팔다리가 없는 것이 장애가 아니라, 꿈이 없는 것이 장애'라고 한다. 나는 팔다리가 있는 장애로 살고 싶지 않아서 꿈습관을 가지게 되었다. 엄마들의 꿈은 자식을 잘 키우는 일, 가정을 행복하게 꾸리는 일이라고 대답한다. 그건 엄마의 일이지 꿈이 아니다.

중·고등학생 시절 꿈을 적어내는 종이에 무엇을 적어야 할지 막막해서 친구가 적은 것을 대충 적어 냈던 적이 있다. 친구들의 꿈은 의사, 검사, 화가, 교사 등 다양한 직업들이었다. 꿈은 직업이 아니다. 나도 꿈이 직업인

줄 알았고, 직업이 생겼으니 꿈을 이루었다고 생각했다. 나의 꿈을 키워준 곳은 '꿈을 키우는 배움터'라는 슬로건을 붙여둔 학교가 아니라, 꿈을 이룬 작가들이 쓴 책이 가득한 도서관이었다.

꿈습관을 가지기 전에는 열등감을 끌어안고 부모 탓, 세상 탓을 하면서 힘겹고 무겁게 살았다. 힘겨움을 불평하며 먹고 마시는 것이 행복인 줄 착각하고, 월급을 조금 더 많이 주고 복지가 좋은 곳을 찾아다니는 철새로 살았어도 부끄러운 줄 몰랐다. 나의 처지를 한계로 그어 놓고 비전이 없는 삶을 부모 탓, 사회 탓으로 돌리고 살았다.

책에서 만난 꿈을 이룬 사람들은 처지가 더 어려운 사람들이었다. 그 사람들은 자기 처지를 한계로 긋지 않았다. 꿈의 한계선은 도덕성이었다. 도덕적인 범위 안에서 꿈을 가꾸는 사람들의 이야기가 내가 만든 꿈의 한계선을 거두어 갔다.

꿈을 이룬 것도 아니고 한계선을 거두고 꿈을 꾸고 가꾸기 시작했을 뿐인데, 내 인생의 걸림돌이 디딤돌로 바뀌고, 역경이 경력으로 바뀌고, 두려움이 도전으로 바뀌고, 불가능이 가능으로 바뀌고, 안 돼가 왜 안 돼로 바뀌고, 남 탓에서 감사로 바뀌었다. 읽는 습관이 다람쥐 쳇바퀴 도는 삶을 멈추게 하고 꿈꿀 시간을 선물했다.

꿈을 꿀수록 자꾸 새로운 꿈이 생긴다. 꿈 위에 꿈이 있고 꿈 안에 꿈이 있다. 내가 가진 꿈들은 세상을 움직일 만큼 거대한 것도 아니고, 부를 가져다주는 직업도 아니다. 내가 가꾸는 꿈들은 '양육을 어려워하는 부모를 돕고, 아이들에게 부끄럽지 않은 교사가 되도록 돕고, 재능을 기부하고, 사람들에게 선한 영향력을 주는 책을 쓰고, 꿈을 이루는 엄마'다. 인생의 마지막에 꼭 이루고 싶은 꿈은 읽는 습관을 세상에 돌려주고 가는 거다. 스스로 한계를 짓지 않으니 말도 안 될 것 같은 꿈들이 지금을 설레게 하고, 오늘을 행복하게 하고, 내일을 기다리게 한다.

멋진 꿈습관을 아이들에게 어떻게 주어야 할까? 요즘 아이들에게 꿈이 무엇이냐고 물으면 "엄마한테 물어보세요"라거나 "엄마가 안 가르쳐줬어요"라고 답할 수도 있다. 엄마의 꿈은 아이가 대신할 수 없다. 엄마의 꿈을 가꾸는 모습으로 아이를 꿈꾸게 하자.

습관육아에는 선행학습이 필요하다. 이 선행학습은 엄마가 먼저 실천하는 모습을 통해 배우게 하는 거다. 책 한 달에 1권 읽기, 일기쓰기 등도 작은 꿈이다. 무언가를 하고 싶은 마음은 꿈을 꾸는 일이고, 실천은 꿈을 가꾸는 일이다. 작은 꿈이 모여 큰 꿈이 된다. 지금부터라도 작은 실천으로 꿈습관을 시작하자. 꿈을 가꾸기 위해서는 돈, 시간, 지속성이 필요하다.

육신을 가꾸는데 쓰는 돈과 시간을 조금 떼어내서 꿈을 가꾸는데 투자하자. 꿈에 투자하는 돈은 아끼지 말자. 돈으로도 살 수 없는 가치 있는 삶을 선물받는다. 꿈을 가꾸는 일은 유행처럼 반짝이는 열정으로는 이룰 수 없다. 당장 눈에 보이지 않아도 지속성을 가지고 꾸준히 하면 서서히 눈으로 보인다.

아이가 어려서 아직 꿈습관은 이르다고 생각한다면, 꿈씨앗이라도 심어주자. 나는 꿈 프로젝트를 만들어 유치원 아이들에게 꿈씨앗을 심었다. 꿈은 추상적이라 아이들이 눈으로 볼 수도 만질 수도 없어서 스토리텔링으로 해야 한다.

"선생님의 손에 씨앗이 있단다. 이 씨앗은 눈으로 볼 수도 만질 수도 없지만 힘이 아주 세서 무엇이든지 해보고 싶은 마음이 생기게 한단다. 눈을 감고 머릿속에 선생님의 손에 있는 씨앗을 상상해보렴. 그동안 선생님은 마음에 씨앗을 하나씩 심어 줄게."

씨앗 심는 흉내를 낸다.

"너희들 마음 안에 심어준 씨앗은 쓰면 쓸수록 커지고 한 번 심으면 절대 사라지지 않는 마법이 있단다."

이 씨앗을 자신감 씨앗(꿈씨앗)이라고 한다. 이름은 붙이기 나름이다. 꿈씨앗을 심어준 후 아래의 꿈습관 5가지 실천방법을 유치원 아이들에게 맞게 프로젝트 수업으로 진행했다. 어려도 할 수 있다. 마음만 먹으면 아주 쉽게 할 수 있는 평범한 나의 꿈 이야기가 특별한 이유는 '실천'하고 있기 때문이다. 나의 꿈습관은 거창하고 멋지지 않다. 지극히 평범한 것을 실천하는 이야기다.

첫째, 꿈을 꾼다.
둘째, 꿈을 쓴다.
셋째, 꿈을 소문낸다.
넷째, 꿈을 이루는 기쁨을 나눈다.
다섯째, 꿈 안에 꿈을 꾼다.

첫째, 꿈을 꾼다.

꿈을 꾸라고 하면 그럴 처지가 아니라고 하는 사람들이 대부분이다.

"돈이 없어서, 바빠서, 아이가 어려서, 퇴근이 늦어서, 직장이 없어서!"

꿈은 하고 싶은 마음만 있으면 할 수 있는, 신이 우리에게 주신 공평한 선물이다.

어떤 꿈이라도 좋다. '내가 할 수 있을까' 하는 꿈은 없다. 한계는 처지의 문제가 아니라 '도덕성'이다. 나는 할 수 없는 처지고, 안 되고 할 수 없을 것 같은 꿈을 꾸고 이루어내고 이루어가고 있는 엄마다. 흙수저인 내가, 처지가 안 되는 내가 했으면 어느 누구나 할 수 있다.

꿈을 꾸는 건 김밥을 쌀 때 밥을 짓는 것과 같다. 김밥을 쌀 때 밥을 짓는 것은 아주 쉬운 일이다. 김밥은 싸는 사람이 원하는 양만큼 밥을 준비하면 되는 것처럼 꿈도 꾸는 사람이 꾸고 싶은 만큼 하면 된다.

'유치원 교사 시절에 부모교육 강사가 되겠다는 꿈, 교사를 가르치는 교사가 되겠다는 꿈, 임신했을 때 석사 논문을 쓰겠다는 꿈, 책을 쓰겠다는 꿈' 등 불가능하다고 생각되는 많은 꿈들을 가졌다. 꿈을 가지는 건 누구나 할 수 있는 일이라고 책이 말해주는 대로 하고 싶은 마음을 꿈으로 만들었다. 결론은 처지가 안 되고 할 수 없을 것 같은 일이었지만, 다 이루었고 이루어 가고 있다.

둘째, 꿈을 쓴다.

머리와 가슴에서 하고 싶었던 것을 쓰면 된다. 새로운 해가 시작되는

1월에 꿈을 종이에 적어서 매일 볼 수 있는 화장대 거울 앞에 붙여둔다. 예쁘게 멋지게 쓰는 재주가 없어서 A4종이에 네임펜으로 삐뚤빼뚤 적어 놓았다. 쓸 수 있는 곳에는 습관처럼 적는다. 이름을 쓸 때도 '책 쓰는 여자 김지영, 부모교육전문강사 김지영, 생각의 힘을 키우는 하브루타 교사 김지영'이라고 싶은 마음에 이름을 붙인다. SNS 화면에도 쓴다. 형식 없이 쓰고 싶은 곳에 쓰고 싶은 대로 쓴다. 여기저기 쓰여진 꿈을 볼 때마다 가슴이 뛴다.

멋지고 훌륭한 꿈이 아니라 머리와 가슴에서 원하는 일을 처지를 생각하지 않고 쓴다. 올해도 벌써 반이나 이루었다.

셋째, 꿈을 소문낸다.

꿈을 종이에 써서 붙여 두는 것은 가족들에게 매일 소문내는 일과 같고, 여기저기 쓰는 것은 사람들에게 소문내는 일과 같다. 꿈은 나를 위한 것이지 다른 사람에게 보여주기 위한 것이 아니니 소문내기를 부끄러워하지 말자. 꿈을 꾸고 쓰고 소문을 내면 꿈을 이루는 환경들이 정말 신기하게 나에게로 온다. 꿈소문 내는 일은 부끄러운 일이 아니라, 꿈을 부르는 일이다.

나의 꿈을 말한 적이 없는데, 딸은 친구들에게 엄마 꿈을 소개하기도 한다. 무엇이가를 시작하려 할 때 내가 붙여둔 꿈을 읽은 남편은 방해하지 않는다. 때로는 격려도 해준다. 〈세바시〉에서 강의하는 게 꿈이다. 누가 들어도 불가능한 일이다. 하지만 나는 꿈을 꾸고 소문을 낸다.

넷째, 꿈을 이루는 기쁨을 나눈다.

작은 꿈이라도 이룬 것은 SNS를 통해서나 직접 만나서 부끄러워하지 않고 당당히 나눈다. 무엇을 해도 안티는 있는 법이라 비판을 두려하지 않는다. 내가 꿈을 이루는 기쁨이 다른 사람에게 꿈씨앗이 되기를 바라는 마음으로 나눈다. 가족끼리 작은 케이크를 사다가 축하 파티를 한다. 엄마의 꿈 습관을 보면서 자라는 아이의 마음에는 꿈을 꾸는 꿈씨앗이 있다고 믿는다.

다섯째, 꿈 안에 꿈을 꾼다.

작은 꿈이라도 하나 이루면 꿈 안에서 꿈을 찾게 된다. 딸을 위해 하브루타를 배우고 싶은 작은 꿈을 가졌다. 돈이 많이 들고 시간이 드는 일이라 망설여졌지만, 꿈을 쓰니 시작할 수 있었다. 하브루타 선생님을 하게 되었고, 공동육아 품앗이로 뉴스에도 나왔다. 하브루타에 관한 엄마들에게 생각교과서 같은 책을 쓰는 큰 꿈을 꾸고 있다. 딸을 위한 작은 실천이 책을 쓰는 큰 꿈이 되었다. 큰 꿈 먼저 시작하지 말고, 가장 하고 싶은 작은 일에서부터 시작하면 그 안에서 큰 꿈이 나온다.

전화를 걸어 "뭐해?" 하고 안부를 물었을 때 꿈이 없는 사람은 주로 "그냥 있어"라고 대답한다. 지인들은 나에게 안부를 물을 때 바쁘게 사는 것을 알고 있어서 "뭐해?"가 아닌 "바뻐?"라는 말로 안부를 묻는다.

"바뻐?"

"응, 바뻐. 꿈꾸느라."

꿈을 꾸는 나는 매일이 바쁘고 행복하다.

유치원 교사 시절에 꿈을 함께 나누었던 동료 교사들의 꿈 기쁨을 나누는 소식을 받을 때 감사하다.

"꿈이 없었던 저에게 꿈을 심어주신 소장님 덕분에 어린이집 원장이 되었어요."

"독서가 싫었는데, 책 열심히 읽고 있어요. 소장님처럼 꿈을 이루고 살 거예요."

"아이들에게 부끄럽지 않은 교사가 되는 꿈 실천 중이에요."

"소장님의 격려로 대학원 공부하고 있어요."

나는 선생님들에게 특별히 꿈 교육을 해준 게 없다. 꿈을 꾸고 가꾸는 행복한 모습으로 살아준 것뿐이다. 내가 실천하는 꿈습관은 아주 쉽고 누구나 할 수 있는 평범한 이야기다. 실천을 해서 특별한 삶으로 만드는 것은 독자의 몫이다.

딸에게 꿈을 가지라고 강요한 적도 물어본 적도 가르친 적도 없지만 스스로 꿈을 알아가고 있는 중이다. 스스로 찾는 꿈이 진짜 꿈이다. 군대를 갓 제대한 조카의 휴식기가 아이 눈에는 이상해 보였나 보다. 다음은 초등학교 1학년 아이와 23살 청년의 대화다.

아이: 오빠는 꿈이 뭐야?

조카: 오빠는 꿈 같은 거 없다.(동생과 장난치고 싶어서)

아이: 오빠 꿈이 없는 건 미래가 없는 거야. 꿈을 가져야지.

조카: 내 꿈은 평생 엄마가 주는 용돈으로 편하게 사는 거야.

아이: 오빠 바보야?

듣고 있던 가족 모두 한바탕 웃었지만, 나는 뿌듯했다. 자기 전 감사 대화시간에 낮에 있었던 꿈 대화를 이어갔다.

엄마 : 딸은 무슨 꿈을 가지고 있을까?

아이 : 나는 지혜부자가 될 거예요.

엄마 : 왜?

아이 : 나는 나라에 큰 기둥이 되어서 사람들에게 효도하는 이름을
　　　 가졌으니까요. 지혜가 없으면 가난한 사람이잖아요.

엄마 : 엄마는 사람을 돕는 일과 지혜 부자가 무슨 관계가 있는지
　　　 모르겠네.

아이 : 지혜가 없으면 다른 사람을 도울 수가 없어요.
　　　 지혜로운 생각으로 엄마, 아빠도 돕고 사람들도 도울 거예요.

엄마 : 그런 방법은 어떻게 알았어? 기특하네.

아이 : 책에 꼬마아이가 지혜로 꾀를 내어서 엄마, 아빠를 도운 이야기
　　　 가 있어요.(당시 전래동화에 푹 빠져 있던 때였다.)

엄마 : 꿈을 가지고 자라줘서 고마워, 엄마 딸로 태어나줘서 고마워.
　　　 (정말로 마음 깊숙한 곳에서 엄마로 살게 해준 딸에게 고맙고,
　　　 스스로 자라고 있어 고마움이 솟아올랐다.)

아이 : 엄마로 태어나줘서 고마워요.

아이에게 '엄마로 태어나주서 고맙다'는 나에게 큰 훈장과도 같은 말이었다. 아이의 말에 더 힘을 내어 살아야 할 것 같다. '가는 말이 고와야 오는 말이 곱다'는 속담처럼 "엄마의 딸로 태어나줘서 고맙다"는 말이 다시

나에게로 돌아온다. 내가 그 말을 듣고 힘을 내듯이 내 아이도 나의 말을 듣고 힘을 낼 것이다.

　꿈을 가르쳐준 적이 없는데 아이는 꿈을 꾸고 있었다. 수시로 꿈은 바뀔 것이고 좌절도 하겠지만, 엄마 꿈습관이 버티는 힘이 되기를 바라는 마음으로 꿈을 멈추지 않는다. 야무진 꿈을 키우는 아이에게 부끄러운 엄마가 되지 말자는 다짐을 한다. 꿈습관으로 희망을 선물하자.

07
감정습관

◇◇

대한민국 엄마들은 분노조절장애를 가지고 있다. 엄마들끼리 우스개소리로 하는 자가진단이다. 분노조절장애라고 서로 웃으며 나누는 말 뒤에 엄마들의 고충이 담겨 있다. 아이 키우는데 온 마을이 필요한 법인데, 혼자 키우면서 집안일까지 하는 고충, 엄마가 되기 전에는 직장에서 잘나가던 여자였는데 외출도 마음대로 못하는 고충, 아이 잘 키우려 애쓰지만 엄마 마음대로 안 되는 고충, 직장 다닐 때는 능력을 인정받았는데 엄마의 일을 인정해주는 사람은 하나도 없다. 엄마들이라면 공감하는 어려움들이다.

분노조절장애는 너무 잘 살려고 애쓰는 마음 때문에 생긴다. 애쓰는 마음과 그 고충을 알아주고 다독여주면 분노조절이 가능해진다. 자기 안에서 일어나는 감정을 알아차리고 다독이는게 감정습관이다. 힘든 육아시기가 끝나고, 엄마품을 떠나기 시작하는 초등 2~3학년이 되면 빈둥지증후군의 외로움을 대비해야 할 차례다. 아이가 성장할 때마다 달라지는 감정에 휘둘리지 않으려면 감정습관이 필요하다. 육아시기의 엄마들 대표 감정은 '화'이다. 엄마가 되어보니 멀쩡한 정신으로는 엄마 노릇하기 힘들 때가 있다.

결혼 전에는 여름방학 평일 낮 아파트에서 들리는 엄마들의 악소리를 정상적으로 받아들이기 힘들었다. 운전 중에 차 경적소리보다 더 크게 화내는 엄마의 악소리에 깜짝 놀란 적이 있다. 더 놀란 것은 평상시 우아하고 교양 있게 말하고 행동했던 분이었기 때문이다. 유치원에는 사랑으로 키워달라고, 칭찬을 좋아하니 혼내지 말고 칭찬으로 지도해달라고, 아이가 큰소리에 놀라니 화내지 말아달라고 부탁하는 엄마들 뒤에 감추어진 늑대 울음소리가 정상적인 모습으로 생각되지 않았다.

며칠 전 지하주차장에서 "나보고 어떻게 하라고! 어떻게 하라고! 어떻게 하라고!" 점점 감정에 북받치는 절규하는 듯한 소리에 깜짝 놀랐다. 연년생으로 보이는 남자아이들은 울고 있었고, 엄마는 차 안에 물건을 집어던지고 있었다. 엄마라면 누구나 한번쯤 겪어 보았을 감정이라는 걸 알기에 무슨 일이 있었는지 모르지만, 다가가 위로해주고 싶은 마음이 들었다.

처음부터 화내는 엄마들은 별로 없다. 화가 화를 불러 점점 정신줄을 놓게 된다. 엄마가 되면 낮에는 화내고, 밤에는 자는 아이에게 사과도 하고 눈물도 흘리며 무한사랑을 고백하고 '엄마가 미쳤다'며 반성도 한다. 낮과 밤으로 감정이 널을 뛴다. 옆집 언니도 그러고 윗집 동생도 그런다고 하니 위안을 받으며 분노조절장애를 정당화한다.

나도 감정공부도 하고 감정코칭강의를 하고 있지만 아직 화 다루기는 서툴다. 아이가 엄마 화나면 으르렁대는 사자 닮았다고 표현을 한 적도 있으니 분노조절장애 엄마다. 평소에는 온화하시다가 남편, 시어머니한테 받은 감정을 갑자기 욱하고 자식들에게 화로 뿜어내는 모습은 내가 어릴 적 제일 싫어하던 엄마의 모습이었는데 지금은 나의 모습이 되었다. 가족끼리 주고받는 감정은 주로 '화'였고, 감정을 조율하는 방법을 전혀 보고 자라지 못했다.

대부분 가정에서는 감정관리보다 행동관리를 중심으로 교육을 한다. 감정습관은 전혀 생각해보지 않은 경우도 많다. 나도 감정도 연습과 훈련이 필요하고 공부해야 한다는 것을 전혀 몰랐었다. 내가 하는 감정습관은 감정코칭이 아니다. 과학적으로 증명된 사실도 아니고, 유명한 이론도 아니다. 감정공부를 하면서 배운 점을 직접 삶으로 실천하고 있는 이야기다.

첫째, 감정을 관찰하자.
둘째, 감정이름을 사용하자.
셋째, 감정은 더하기가 아니라 빼기다.
넷째, 아이의 감정을 수용하자.
다섯째, 평상시 마음을 관리하자.

첫째, 감정을 관찰하자.
감정의 주인이 되지 말고 관찰자가 되어보자. 예를 들어 부부싸움을 하는 사람들은 자기감정에 휩싸여 주관적인 상태가 되지만, 관찰하는 사람은 좀 더 객관적이게 된다. 자기감정을 관찰해보면 감정을 알아차릴 수 있다. 평상시에 자기감정의 관찰자가 되어보는 연습을 해서 감정을 다스릴 수 있는 여유를 가져 보자.

아이가 6살쯤에 코를 풀지 않고 꿀꺽 삼키는 행동을 하기 시작했다. 코는 이물질이니 먹지 말고 뱉어 내라고 몇 번을 알아듣게 설명을 하는데도 들이마신다. 급기야 아이에게 악소리를 하고 밥 먹지 말고 코만 먹고 살라고 협박을 했다. '관찰자 되기 연습 중'이라 감정의 홍수 상태가 되면 관찰자가 되려고 의식한다. 코를 먹으면 정말 배가 아픈 것도 아니고, 건강을 해치는 것도 아니고, 도덕적으로 잘못된 행동도 아닌데 악소리를 내게 하는 감정을 관찰해 보았다.

관찰자의 모습으로 본 내 안의 감정은 불안함이었다. 동료 중에 코를 들이마시는 습관을 가진 사람이 있다. 그 사람은 신중하지 못해서 일 처리에 실수와 실패가 많고, 사람들에게 도움을 수시로 요청한다. 나는 그 사람을 엄청 싫어했다. 아이가 코를 들이마실 때마다 싫어하는 동료처럼 될 것 같은 불안함이 있었다.

관찰자가 되어 감정을 알아차린 후 엄마의 마음을 들려주고, 너와 그 동료가 다르다는 것을 늦게 알아서 미안하다는 사과를 했다. 감정을 알아차린 후부터 코 들이마시는 소리가 듣기 좋아진 것은 아니었지만 화를 내지 않았다. 점점 코 들이마시는 행동이 줄어들더니 지금은 아주 가끔 들이마신다. 감정의 관찰자가 되어서 감정을 들여다보면 내 안의 감정이 보이고 감정을 알아차리면 조절이 쉬워진다.

둘째, 감정이름을 사용하자.

감정습관 전 사용하는 감정의 단어는 '화, 기쁨, 행복, 속상함, 놀람, 무서움, 슬픔 등' 제한적이었고, 대표적으로 사용하는 감정의 이름은 '화'였다. 관찰자가 되어 감정을 알아차려도 감정이름을 모르니 대부분을 '화와 속상함'으로 표현했다. 그런데 신기하게도 감정이름을 붙여 감정을 구분하니 감정정리가 된다. 물건을 정리정돈하면 관리가 편하고 깨끗한 것처럼 감정도 정리를 하면 관리가 수월해진다. 감정에 맞는 이름을 불러주자. 어른들도 감정이름을 모르니, 감정 구분이 안되어 자기 안의 감정을 제대로 표현하지 못하기도 한다.

아이 7살 때 가족여행으로 통영미륵산을 갔다가 아이를 잃어 버렸다. 사람들이 너무 많아 잃어버리지 않도록 단단히 일러두었는데 순식간에 아이가 눈에서 보이지 않았다. 잃어버린 것을 처음 알게 되었을 때는 금방 찾을 거라는 마음이었는데 사방을 찾아도 보이지 않았다. 화가 나기 시작했다. 남편도 아이 못 본 질책을 하며 불같이 화를 냈다. 시간이 흐를수록 아이를 영영 못 보게 되면 어쩌나 하는 마음이 들면서 불안해졌다.

20여분 만에 다른 사람의 도움으로 아이를 만났다. 가슴이 철렁 내려앉았다. 아이를 보자 마자 남편은 아이에게 화를 내기 시작했다. 감정습관을 들여가는 나는 먼저 아이의 놀란 마음을 공감해주고 다독여준 다음, 남편이 본인의 감정을 관찰할 수 있도록 대화를 했다. 남편은 아이를 만났을 때 안심, 다행이라는 감정이었는데 화로 표현했다는 것을 알아차렸다. 남편이 구분하지 못하는 자기 안의 감정을 찾아 이름을 붙여주고, 마음 안에 원래 감정을 먼저 표현한 후 화나고 놀랐던 지나간 감정을 이야기해주면 좋겠다고 말했다.

아이가 유치원에서 돌아와 "친구를 죽이고 싶다"고 했다. 죽이고 싶다는 감정 표현에 몹시 당황했다. 죽이고 싶은 마음은 살인자의 마음이라는 스쳐지나가는 짧은 생각도 들었다. 아마도 감정공부를 하기 전이었다면 나쁜 말이라고 못쓰게 했을 거다.

아이의 감정에 이름을 붙이려면 아이의 감정을 알아야 한다. 아이의 감정을 알고 싶을 때 엄마가 넘겨짚으면 안 된다. 무슨 일이 있었는지를 물어보아야 한다.

아이는 "자기의 실수를 친구들 앞에서 놀려서 죽이고 싶을 만큼 화가 났다"고 대답했다. 아이와 감정대화를 나누어 보니 죽이고 싶은 마음은 '수치심'이었다. 아이의 감정에 이름을 붙여 주었다. 아이는 다음에 같은 감정을 느낄 때 '죽이고 싶다는 말'보다 '수치심이 생겼다'라고 표현을 하게 된다.

엄마들이 사용하는 감정의 단어를 관찰해보니 주로 '속상했구나, 화났구나!'였다. 엄마가 알고 있는 이 두 가지 감정단어로 아이의 감정을 단정 지어버리면 아이도 다양한 감정을 화남과 속상함 2가지 감정으로만 사용하게 된다. 엄마도 감정이름을 사용해 본 경험이 없어서 잘 모른다. 감정공부를 처음 시작했을 때는 감정의 종류를 외워서 사용하다가, 외우지 않아도 되는 좋은 동화책의 도움을 받고 있다. 《아홉 살 마음사전》이라는 동화책을 아이와 함께 읽으면서 감정이름을 생활에 적용하고 있다. 외워서 엄마 혼자만 사용할 때보다 아이랑 함께 읽고 사용하니 감정단어 사용이 더 많아졌다.

감정단어를 사용하는 습관이 없어서 낯설지만, 일상에서 감정단어를 쓰려 노력해야 한다. 예를 들어 우산을 안 챙겼는데 '비가 오니 당황스러워, 오늘 강의 따분했어. 칭찬받아서 벅차. 너무 비싼 선물을 사달라고 하니 부담스러워, 네가 아프니 측은한 마음이 들어, 오늘 날씨가 화창해서 상쾌해, 초록잎이 싱그러워' 등 일상생활에 감정단어를 쓰는 습관을 갖자.

셋째, 감정은 더하기가 아니라 빼기다.

감정적으로만 살 수도 없고, 이성적으로만 살 수도 없다. 감정과 이성의 조화를 이루도록 하는 연습이 필요하다. 엄마들이 처음에는 작게 화를 내다가 크게 화를 내게 되는 것은 감정에 더하기를 해서다. 감정 더하기는 풍선 불기와 같다. 풍선을 불면 점점 커지다가 결국에는 터진다. 풍선에 공기를 넣지 않으면 주변의 큰 자극에도 터지지 않지만, 풍선을 크게 불면 주변의 조그마한 자극에도 쉽게 터진다.

감정에 더하기가 되어 있을 때 아무리 이성적인 말을 해도 들리지 않는다. 오히려 자극이 되어 감정을 더 격하게 만든다. 시험에 떨어져 실망한 친구에게 시험에 떨어진 원인을 분석(이성)해준들 소용없다. 엄마의 옳고 지당하신 이성적인 말씀의 잔소리는 감정 더하기가 되어 풍선처럼 터진다.

먼저 감정 빼주기를 해야 한다. 감정 빼기는 감정을 참는 것과는 다르다. 엄마가 화를 참고 있으니 알아서 빨리빨리 하라는 의미의 화 참기는 병이 된다. 아이 행동을 바꾸려고 하면 엄마의 감정상태가 격해지니, 아이의 행동을 바꾸려고 하기 전에 엄마의 감정 빼기를 먼저 해야 한다. 아이는 감정 빼기를 혼자 못하니 어른의 도움이 필요하지만, 어른은 혼자서도 가능하다. '아이의 감정 빼기'와 '스스로 하는 엄마의 감정 빼기'는 다음 넷째와 다섯째에 이어진다.

넷째, 아이의 감정을 수용하자.

아이의 모든 감정을 '나쁘다, 좋다' 규정짓지 말고 수용하자. 수용은 있는 그대로 받아들이는 거다. 수용하라는 것은 허락의 뜻이 아니다.

예를 들어 초콜릿을 너무 많이 먹어 염려스러운 아이가 초콜릿을 먹고 싶어 운다면 "오늘은 절대 안 돼. 어제도 먹었어"라고 하지 말고, "초콜릿 좋아하는 우리 딸 오늘도 초콜릿이 먹고 싶은가 보네"라고 감정을 수용하자. 아이가 초콜릿을 좋아한다고 매일 초콜릿을 먹일 수는 없다. "그런데 어쩌지? 엄마는 너의 건강이 더 중요하기 때문에 오늘은 절대 줄 수 없어"라고 엄마의 확고한 뜻을 밝히자.

　　~하고 싶은 가보네(감정 수용) + 그런데 어쩌지(행동 규정)

> 오늘은 절대 안 돼. 어제도 초콜릿 먹었어. → 초콜릿 좋아하는 우리 딸 오늘도 초콜릿이 먹고 싶은가 보네. 그런데 어쩌지? 엄마는 너의 건강이 더 중요하기 때문에 오늘은 절대 줄 수 없어.

아이와 장난을 하다 아이가 울면, 남편은 울고 있는 아이의 기분을 좋게 하려고 간지럼을 태운다. 아이가 학교에서의 일로 슬퍼하고 있으면, 남편은 기분 풀어준다며 맛있는 음식을 먹으러 가자고 한다. 아이의 감정과 상관없이 간지러움과 맛있는 거 먹여서 기분을 좋게 바꾸려는 남편의 방법은 감정 회피를 연습시키고 있는 거다. 감정을 수용하고 공감하며 감정을 아이 스스로 조절하도록 해야 한다. 감정이 수용되면 감정이 빼기 되고, 감정이 빠지면 이성적인 판단이 가능해진다.

다섯째, 평상시 마음을 관리하자.

감정이 올라올 때 빼기를 하는 방법도 좋지만, 감정이 성난 파도가 되지 않도록 잔잔하게 평상시 관리해야 한다. 내가 감정습관을 위해 평상시 관리하는 방법은 운동하기, 책 읽기, 글쓰기다. 운동을 하면 공격적 본능과 스트레스를 해소시키는 능력이 향상되어 마음이 편안해진다. 책 읽기는 스트레스 완화 1위다. 그럴 수 있다는 의연함이 생긴다. 글을 쓰면서 감정을 배출시킨다.

즉시 감정 빼기로는 감정코칭에서 배운 호흡을 한다. 눈을 감고 평소보다 약간 느리고 깊게 약 5초 동안 들숨 호흡을 하고 5초 동안의 날숨 호흡을 하면서 감사한 일이나 느끼고 싶은 경치 등을 떠올린다. 배울 때는 호흡 몇 번으로 감정이 중립 상태로 갈 수 있을까 의심했는데 직접 실천을 해보니 마음이 편안하다. 감정이 불편할 때는 습관적으로 호흡을 한다.

우리의 마음 안에는 두 종류의 부정적인 감정과 긍정적인 감정이 살고 있다. 부정적인 감정과 긍정적인 감정 중 어떤 감정을 마음 안에 살게 하고 싶은가? 마음 안에 어떤 감정이 강하냐는 마음에 주인이 어떤 감정에게 먹이를 주느냐에 따라 달라진다.

은행계좌에 돈이 있는 만큼만 빼서 쓸 수 있듯이, 마음 안에 있는 감정만큼 쓰게 된다. 마음 안에 있는 긍정적인 감정에게 먹이를 주자. 부정적인 감정이 나쁜 감정이 아니고 자연스러운 것이라고 하지만, 부정적 감정을 조절하지 못하면 병을 일으킨다. 만병의 근원은 스트레스다.

부정적인 감정을 그대로 살게 하거나 더 강하게 키워주면 아이의 마음이 아프다. 마음의 병이 된다. 감정습관은 부정적인 감정을 느끼지 못하도록 하는 것이 아니라, 부정적인 감정을 편안한 감정 상태로 내려올 수 있도록 하는 것이다.

엄마의 감정이 편안해지면 빵빵한 풍선처럼 터질 리가 없다. 엄마의 빵빵 터지는 감정이 아이의 감정을 불안하게 만든다. 엄마들아, 내 감정 먼저 알아차리고 다독이며 살자. 아직 더 큰일들이 우리에게 남아 있으니 말이다. 감정습관으로 편안함을 선물하자.

08

행복습관

살아온 인생을 놓고 볼 때 행복보다는 불행함이 더 많았다. 가난한 집에서 태어나 문화적 혜택을 누리고 살지도 못했고, 남들과 생활을 비교하면서 부족한 게 많으니 불행했다. 인생에는 늘 희노애락이 줄을 지어 나타난다. 희가 온 후에는 노가 오고, 애가 오면 락이 오고, 순서가 바뀔 때도 있고 중복될 때도 있지만 분명한 것은 한 가지만 오지 않는다는 거다.

나는 불행만 줄을 지어 오는 삶이 내 것이 아닌 척 외면하고 살았지만, 그렇다고 행복해지지는 않았다.

지금은 행복한 하루하루를 살고 있다. 부자가 된 것도 아니고, 더 좋은 차를 타고 다니는 것도 아니고, 더 좋은 집에 살고 있는 것도 아니고, 더 많이 가진 것도 아닌데 행복해졌다.

불행이 행복으로 바뀐 이유는 무엇일까? 바로 행복습관이다. 세상에서 가장 행복한 사람은 '웃는 사람, 부자, 금수저, 천운'도 아닌 '감사할 줄 아는 사람'이다. 행복해서 감사한 것이 아니라 감사해서 행복하다. 감사하는 마음이 가득하니 행복이 늘 따라다닌다. 감사할 줄 아는 사람이 세상에서 가장 행복한 사람이다.

감사하면 행복해지니, 행복습관은 감사하는 마음이다. 우리나라는 행복지수가 낮은 나라다. 나뭇잎 굴러가는 모습에도 깔깔깔 웃어야 할 아이들의 행복지수가 낮다. 경제협력개발기구가 실시한 학생 행복도 조사에서 만 15세의 삶의 만족도가 OECD 48개국 중 47위다. 아이들이 행복하지 않는 이유를 조사하고 연구해 보니 원인이 공부스트레스, 놀이시간 부족, 게임 중독, 운동 부족, 먹고 살기 힘들어서 등이었다고 한다.

공부시간을 줄이고 놀이시간을 늘이면 행복해질까?

운동을 하고 먹고살기 좋아지면 행복해질까?

없는 것을 만들고, 있는 것을 없애고, 줄이고 늘이면 과연 행복해질까? 어떻게 하면 행복해질 수 있을까? 우리나라의 행복지수가 낮은 것은 어른들이 지금 행복한 삶을 보여주지 못하기 때문이다. 즉, 행복습관이 없기 때문이다.

행복도 배움이다. 아이들이 행복하려면 어른들이 행복하면 된다. 우리는 지금껏 '인내는 쓰고 열매는 달다. 고생 끝에 낙이 온다' 등의 교훈을 가슴에 새기면서 미래의 행복을 위해 지금의 고통을 참아내야 한다고 배웠다. 성취감을 얻기 위해서는 과정의 고통을 인내해야 하지만, 미래의 행복을 위해 지금 고통스러울 필요는 없다. 언제까지 미래의 행복을 위해 살 것인가? 미래의 행복을 위해 지금을 너무 희생하며 살지 않았으면 좋겠다. 지금이 행복해야 미래에도 행복하다.

행복에 걸림돌이 돈, 집, 승진이라도 되듯이, 돈을 좀 더 모은 후에, 집을 산 후에, 살림이 조금 더 넉넉해진 후에 행복하게 살자고 한다. 지금 행복을 느끼지 못하는 사람은 돈을 모은 후 잠깐은 행복함을 느끼지만 계속 행복하지는 못한다. 행복의 걸림돌은 물질이 아니라 마음이다. 감사하는 마음을 가득 가지면 행복할 수 있다.

습관에 맛을 보기 전 유치원 교사 시절 반훈을 '감사할 줄 아는 아이'로 정했다. 당시 감사할 줄 아는 아이로 교육하는 방법은 고작 "고마워"라고 말해주는 정도였다. 도움을 주신 분들께 감사하다는 인사를 잊지 않는 것이 감사하는 삶인 줄 알았다. 도움을 주고받을 때 감사를 표현하는 마음이 감사하는 삶이라 생각했다. 그 생각이 달라졌다. 도움을 받지 않아도 감사한 마음으로 느끼는 것이 감사다.

감정코칭 강사자격증 연수를 받기까지 1년 동안 과제로 매일 '행복일기 쓰기'를 했다. 행복일기 내용으로는 운동일기, 다행일기, 감사일기, 선행일기, 감정일기가 있는데 그중 제일 쓰기 어려웠던 것이 '감사일기'다. 매일 도움을 받고 살지는 않으니 쓸거리가 없었다. 감정에 대한 공부가 낯설고 서툴러 어려웠다. 그러나 계속 쓰다 보니 다행한 일도 감사한 일도 감정도 느끼게 되었다. 그동안 감사할 일이 부족했던 것이 아니라, 감사를 느끼지 못한 것이었고, 남에게 도움을 받을 때만 감사라고 생각해서였다. 감사는 작은 것이라도 느낄 수 있고, 나를 둘러싼 모든 일들에 대해 감사할 수 있다. 감사일기의 몇 줄만 소개하면 다음과 같다.

- 차가 고장 나서 걸어가니 주변에 무엇이 있는지 알게 되어 감사합니다.
- 비 오는 날은 싫지만, 비를 맞은 나무들이 싱글싱글 춤을 추는 것을 볼 수 있어 감사합니다.
- 1분 차이로 기차를 놓쳤습니다. 기다리는 여유를 배우고 미리 준비해야 함을 깨닫게 되어 감사합니다.

어려움, 불편함, 불행을 없애버린 것이 아니라 감사함으로 받아들이니 행복하다. 남으로부터의 감사는 주고받는 거래가 있어야 하지만, 자기로부터의 감사는 마음만 있으면 일어난다.

감사한 마음으로 행복습관 들이기는 '고마움 표현하기, 감사일기, 세뇌교육, 장점릴레이'로 실천하고 있다. 일상생활에서 습관적으로 고마움을 표현하자. 길을 걸어가다가 싱그러운 나무를 보고 "나무야, 고마워. 나에게 싱그러움을 줘서", 신발을 신으면서 "신발아, 고마워. 발을 보호해줘서", 세수를 하면서 "손아, 고마워. 깨끗이 씻어줘서", 내 이름을 부르며 "지영아, 고마워. 살아 있어줘서"등 세상 모든 것에 고맙다는 말을 하면 마음에 행복이 가득 찬 느낌이다.

그리고 딸에게 수시로 '엄마 딸로 태어나줘서 고마워, 건강하게 자라줘서 고마워, 엄마로 살게 해줘서 고마워, 엄마에게 행복을 줘서 고마워, 딸의 작은 움직임에도 고마워'라고 표현했다. '고맙다'는 말을 많이 할수록 고마움이 느껴진다. 말끝에 습관처럼 '고맙습니다'가 자동으로 나온다. '고맙다'는 말을 하면 안 되는 상황인데도 무의식적으로 '고맙습니다'를 해서 민망했던 적이 여러 번 있다.

감사일기는 느끼지 못하는 감사함을 찾는 일이다. 매일 감사하며 사는 삶이 얼마나 행복한가를 알게 해준 감사일기를 아이와 함께하고 싶었다. 아이가 글을 못 쓸 때였다. 글은 쓸 수 없다면 말로 하면 된다. 세상에 안 하는 일은 있어도 안 되는 일은 없다. 말로 하는 감사일기는 잠자기 전에 한다. 유대인들의 베갯머리 이야기처럼 감사함이 잠 속에서도 이어지길 바라는 마음으로, 잠자리에 누워 먼저 엄마가 말로 감사일기를 쓴다. 엄마가 먼저 해야 방법을 보고 흉내 낸다.

- 오늘 아침 아이와 손을 잡고 학교 문 앞까지 갔습니다. 함께 걸어갈 수 있음에 감사합니다.
- 친구를 만나 친구의 하소연을 들어주었습니다. 친구를 위로 해 줄 수 있는 마음에 감사합니다.
- 아이가 무사히 학교에서 돌아와서 감사합니다.

하루를 감사하는 내용을 들으면서 아이는 엄마의 하루를 알게 된다. 엄마가 모든 일을 감사하게 받아들이는 마음을 느끼게 된다. 엄마가 문제를 보는 관점, 가치관도 듣게 된다. 나는 가끔 아이에게 바라는 점을 감사일기에 살짝 끼워 넣기도 한다. 예를 들면 '딸아이가 정리하는 습관을 배우는 중이라 방이 지저분하지만 잔소리를 하지 않고 정리할 때까지 기다려줄 수 있음에 감사합니다'라고 한다. 감사함 속에는 '정리를 하라'는 뜻을 담았다. 유의할 것은 아이에게 바라는 점은 어쩌다 한두 개를 살짝 끼워 넣어야지 아이를 바꾸고 싶은 마음에 너무 많이 하면 감사하기가 아니라 잔소리 시간이 된다.

감사일기는 '나에게 주신 최고의 선물 오늘에 감사합니다'로 시작하고, '지금 이 시간 살아있음에 감사합니다'로 마무리한다. 처음과 마지막에 하는 의식은 '지금 살아있는 것에 감사하고, 오늘 하루가 선물이었다'는 것에 감사하며 행복하라는 나만의 세뇌교육이다.

엄마가 먼저 하고 나면 아이 차례다. 말도 안 되는 감사에서부터 엄마의 끼워 넣기를 눈치챘는지 엄마에게 바라는 점을 넣어 감사를 말한다. 불만을 이야기하고 뒤에 감사합니다만 붙일 때도 있지만, 어떻게 하더라도 들어주기만 한다. 어린 아이가 '살아있음에 감사합니다'라고 말할 때 너무 귀엽고 사랑스럽다. 말로 하는 감사일기는 감사습관을 만들기도 하지만 소통의 시간이 되어 좋다.

'감사함으로 행복하기' 다음은 '행복함으로 행복하기'다. 행복을 세뇌시킨다. 뇌는 순수쟁이여서 짜증이 나도 '행복해'라고 말하면 '주인님이 행복하구나'로 인식하고 행복호르몬을 분비한다. 우리 아이들처럼 단순하면서 귀여운 뇌다.

추가열의 〈행복해요〉라는 노래 후렴구에 노랫말을 바꿔가며 흥얼거린다.

"살아 있어 행복해, 효주 있어 행복해, 정말 행복해요~"

기분에 따라 노래 가사를 바꾸며 부른다. 때로는 산토끼 노래를 '행복해'로 바꿔서 "행복해 행복해 행복해 행복해 행복 행복 행복해 행복해 행복해~" 이렇게 부르며 논다. 행복을 세뇌시키면 정말 행복해진다. 행복해 노래를 부를 때는 엉덩이가 저절로 움직여져 아이랑 한바탕 춤을 추며 부르고 논다.

차로 1시간 이상 이동할 때 차 안에서 말놀이로 장점릴레이를 자주 한다. 감사가 어려운 것은 칭찬하는 습관이 부족해서 오는 거다. 우리는 스스로 나를 칭찬하면 잘난 척하는 것 같고, 남이 나를 칭찬하면 나를 깎아내리는 게 겸손인 것처럼 배우고 살았다. 그래서 늘 단점을 들추는 일에 익숙하다. 남에게 장점을 말하면 아부하는 것 같아 몸이 빌빌 돌아간다.

세상에 존재하는 모든 것에는 장단점이 있다. 아이의 장점을 먼저 보면 '괜찮은 아이'가 되고, 단점을 먼저 보면 '부족한 아이'가 된다. 사물도 마찬가지다. 장점을 먼저 보는 연습으로 장점릴레이 게임을 해보자. 어떤 대상을 정해 놓고 그 대상에 장점만 이야기하는 방식이다. 대상으로는 아빠, 엄마, 딸, 자동차 등 무엇이든지 가능하다. 장점릴레이는 긍정적인 면을 습관적으로 먼저 보게 해주는 훈련이다.

우리 아이들이 행복하지 않은 이유는 지금 당신이 행복하지 않기 때문이다. 행복하게 살고 싶다면서 행복을 뒤로 미루지 말고 지금 행복하자.

감사하기, 행복하기에 필요한 것은 아무것도 없다. 그냥 감사함과 행복함을 말하면 된다. 행복습관으로 지금 행복하기를 선물하자.

09
공부습관

공부에 가장 많이 따라 붙는 말은 '지겹다'이다. 나는 공부스트레스를 받은 적도 없고, 공부를 제대로 한 적도 없는데 공부가 지겨웠다. 학교 공부 12년 동안 상위권 성적을 받아본 적이 없다. 선생님의 사랑을 독차지하는 상위 1%의 아이들이 부러웠다.

나는 공부를 못했으면서 내 아이는 공부 잘하기를 바라는 공부욕심 많은 엄마다. 내 아이를 보내고 싶은 학교는 하버드대이다. 대학과 전공은 아이의 선택이라 생각하고, 엄마 욕심에 의해 움직이는 로봇으로 키우고 싶은 마음은 눈꼽만큼도 없다. 꼭 하버드대 입학을 하라는 것이 아니라 하버드대를 입학할 수 있는 능력을 가질 수 있도록 공부습관을 만들어 주고 싶다는 뜻이다.

주변에서 하버드대를 목표로 삼은 것은 아이를 잡는 지나친 엄마의 욕심이라고 손가락질하기도 한다. 하버드대에 가려면 지금 영어로 일상 대화가 되어야 한다고 조언한다. 내 아이는 알파벳도 모른다. 나는 무슨 배짱으로 하버드대를 목표로 했을까?

하버드대가 목표가 아니라, 정확히 말하면 공부습관으로 하버드대를 갈 수 있는 능력을 키워 주고 싶다. 성인이 되어 하는 공부는 더 재미있고 공부를 하면 에너지가 생기고 힘이 난다. 새벽 4시부터 밤 10시까지 공부를 하는데도 지겹지 않고 행복하게 살아 있는 느낌이다. 하루 종일 집안일도 하지 말고 공부만 하라고 했으면 좋겠다. 공부중독 상태다.

지겨운 공부가 가장 재미있을 수 있었던 것은 습관육아의 본질인 '하고 싶은 마음'이 있기 때문이다. 억지로 시켜서 하는 공부가 아니라 하고 싶은 마음으로 하는 지식공부가 아닌 사람공부이기 때문이다. 공부는 지식을 넣는 것이 아니라 생각을 창조하는 일이다. 하고 싶은 마음이 있으면 생각을 창조하기 위해 스스로 찾아서 필요한 지식을 넣는다.

지식만 넣어주고 생각을 창조하라는 것은 우물에 가서 숭늉 찾아오라는 것과 같다. 공부에 중독된 엄마이며, 사교육만 안 할뿐 누구보다 높은 공부열을 가진 엄마인 나는 아이 공부습관을 배 속에서부터 시작했다. 하고 싶은 마음으로 재미있게 하는 공부습관을 '태교 – 신생아기 – 영아기 – 유아기 – 초등 저학년기 –초등 고학년기(미래계획)' 순으로 소개한다.

교육의 시작인 '태교'는 정서적 교감이다. 가장 편안하고 정갈한 마음으로 태아와 교감하기다. '신생아기'는 욕구에 즉각 반응하기다. 아이의 본능적인 욕구에 즉각 반응해주면 아이는 믿음이 생기고 만족감을 느낀다. 나는 이 만족감이 성취감의 시작이라 생각한다.

'영아기'가 되면 본격적인 공부를 시작해야 한다.

공부는 머리로 하는 게 아니라 엉덩이로 한다는 말은 머리가 준비된 사람들의 이야기다. 공부머리가 없으면 아무리 앉아 있어도 결과가 없다. 영유아기는 공부머리를 키우는 시기다. 공부머리를 키울 수 있을 만큼 키워놓아야 지식을 담을 수 있다. 공부머리가 작으면 엉덩이를 붙이고 집어넣어도 담는 양이 한계가 있다. 뇌과학자들은 공통적으로 아직 발달되지 않는 뇌에 지식을 우겨 넣기보다 어린 시절 뇌회로라는 그릇을 키우라고 한다. 공부그릇은 뇌그릇이다. 손, 발, 입을 움직이게 하여 뇌를 발달시키자. 이것이 공부습관의 핵심이다.

영아기의 공부는 안전에 관한 부분만 제한을 두고 손, 발, 입을 자유롭게 움직일 수 있게 하는가다. 먼저 손의 자유를 주어라. 손의 자유는 두뇌와 정서발달을 돕는다. 손의 자유를 막는 '지지'는 금지다. 요즘 깔끔한 엄마들이 많아서 아이 손에 조금만 지저분한 것이 묻으면 더럽다고 닦아주고 못 만지게 한다. 놀이터에 흙이 사라지는 현실이 안타깝지만, 흙이 있는 곳으로 가서 흙도 만지며 놀게 하고 안전한 것이라면 조금 지저분해져도 마음껏 만지며 놀게 하자. 이유식도 스스로 먹도록 숟가락을 아이 손에 쥐어주고 포크는 가급적 사용하지 말고 숟가락으로 먹다가 젓가락을 사용할 수 있도록 하자. 우리나라는 젓가락을 사용해서 아이큐가 높은 나라다.

입의 자유를 주어라. 빨기가 왕성한 시기다. 마음껏 빨도록 해야 한다. 손, 입은 정서발달과 연관되어 있다. 정서적으로 불안한 아이들은 손으로 뜯고 입으로 뜯는다. 나는 위험한 건 아예 치우고 무엇이든 빨도록 두었다.

빨기가 왕성할 때 팝업북 입체 부분을 먹어도 그냥 두었다. 닭 그림을 질겅질겅 씹어 먹고 있는데 남편에게 전화가 온다. 남편이 딸의 안부를 묻는다.

"우리 딸 뭐해?"

"닭 잡아먹어."

다음날은 "돼지 잡아먹어", 다음날은 "소 잡아먹어(남편은 비싼 소고기 먹는다고 좋아한다.)"라고 대답했다. 먹은 종이의 양이 책 몇 권은 될 것 같다. 종이를 먹이라는 것이 아니라 빨기의 자유를 주라는 말이다.

요즘 엄마들은 아이의 입은 막아두고 엄마들의 입만 자유를 누린다. 엄마들이 사람을 만나는 시간은 아이들이 스마트폰을 만나는 시간이다. 엄마가 만난 사람들과 입의 자유를 누리기 위해서는 아이의 입을 막아야 하기 때문에 스마트폰을 준다. 스마트폰은 뇌에 독이다. 영아기에 엄마 친구는 아이여야 한다. 아이와 얼굴을 마주보고 수다를 떨어서 입을 자유롭게 해야 한다.

발의 자유를 주어라. 주위를 둘러보면 아이와 손을 잡고 걸어 다니는 모습을 보기 힘들다. 유모차에 태워서 막 씌우고 다니거나 조금 큰 아이는 웨건에 태우고 다닌다. 다리에 장애가 있는 것도 아닌데 장애를 만들고 있다. 대근육 발달에도 장애가 되지만 공부머리에도 장애물이 된다.

유대인 가족이 등산하는 모습과 한국인 가족이 등산하는 모습은 극과 극이다. 유대인들은 아이가 어려서부터 혼자 걷게 하고, 손을 잡아주는 정도의 도움을 준다. 한국인들은 아이를 배낭처럼 메고 등산한다. 유대인은 최고의 공부환경을 주고 있고, 한국인은 최고로 공부장애 환경을 주며 부모만 골병들어 간다.

아이가 3살 때 한국민속촌을 갔다. 아이를 위해 간 곳이 아니라 나의 유치원 소풍 답사로 간 곳이라 유모차를 빌릴까 잠깐 고민을 했다. 유모차를 거의 태운 적이 없어 아이도 싫어해서 걷기로 했다. 3살 아이가 걷기에는 너무 넓은 곳이다. 호기심 천국을 만난 아이는 물 만난 물고기처럼 한참을 뛰어다니다가 지쳤는지 유모차를 태워 달라고 조른다. 입구까지 빌리러 갈까 하다가 걷자고 설득하며 걸었다.

주변을 둘러보니 유아기의 아이들도 거의 유모차에 태우고 다녔다. 유모차에 편안히 앉아 맛있는 거 먹으며 눈알만 굴리는 아이와 땀을 뻘뻘 흘리며 밀어주는 부모의 모습이다. 아이의 손, 발, 입을 묶어 두고 엄마만 바쁘고 힘들다. 어른은 손, 발, 입을 움직이니 치매 예방은 될 수 있겠지만, 아이의 뇌 발달은 안 된다. 아이들의 뇌그릇이 커지도록 손, 입, 발을 자유롭게 움직이일 수 있는 기회를 주자.

'유아기'의 공부습관은 놀기다.

'아이들은 놀기 위해 세상에 왔다'는 편해문의 시처럼 놀이는 아이의 권리이며 의무다. 일본 세이시 유치원에서는 '뇌세포는 유산소 운동으로 몸을 활발하게 움직일 때 엄청나게 늘어난다'는 뇌과학을 근거로 등산과 마라톤, 자연놀이로 교육한다. 세이시 유치원에는 장난감이 없다. 손, 발, 입이 아이들의 장난감인 셈이다. 한국 엄마들은 유치원에 장난감이 없으면 뭐 가지고 노느냐고 놀라고, 세이시 유치원 원장은 한국 유치원에 운동장이 없다는 사실에 놀란다. 아이들에게 놀이가 밥이라는 말은 뇌과학적으로 충분히 증명된 사실이다.

놀이의 중요성은 책 한 권 분량이라 노는 방법만 이야기한다. 자유롭게 놀게 하고 손, 발, 입을 움직여 놀게 하자. 유치원에는 유아교육의 꽃이라 불리는 자유선택놀이가 있다. 자유선택놀이는 자유+선택+놀이다. 자유롭게 선택하여 진행하는 자유선택놀이에서 가장 중요한 것은 스스로다. '스스로'의 의미는 '문제해결능력'이다.

자유를 통제하는 것은 로봇과 경쟁하며 살아야 할 아이들을 로봇처럼 키우는 것과 같다. 로봇이 할 수 없는 문제해결력을 키워주기 위해서는 자유롭게 놀게 해야 한다. 규칙이 있는 놀이수업은 자유놀이가 아니다. 말 그대로 놀이수업이다.

유치원에서 자유선택놀이를 하루에 2시간 한다고 하면 공부를 안 시키고 놀리느냐고 따져 묻는다. 특별활동을 다양하게 하는 유치원이 공부를 잘 가르치는 것이라고 착각한다. 자유선택놀이와 바깥놀이를 하는 곳이 공부를 잘 가르치는 곳이다. 놀이터에서도 스스로 놀면서 공부하게 두자. 자기주도학습을 바라면서 왜 공부의 힘이 되는 스스로 놀이는 하지 못하게 하는가? 놀이터에 가보면 아이가 노는 게 아니라 엄마가 대신 놀아주고 있다.

예를 들어 그네를 타면 아이는 앉아 있고 엄마가 밀어준다. 넘어지고 떨어지고 비틀되면서 스스로 그네를 타는 게 그네타기다. 스스로 자유롭게 놀아야 문제해결력을 키울 수 있다.

아이가 어렸을 때 그네 타는 형님들 앞을 지나가다 부딪쳐 심하게 넘어진 적이 있다. 나는 그 과정을 보고 있었다. 형님이 그네 타는 속도를 보니 뼈 부러질 것 같지는 않아서 그냥 지켜만 봤다. 엄청 아파하는 아이를 달래는 엄마의 마음도 아프지만, 아이가 배웠을 가치가 크기에 위로가 되었다. 아이는 다음부터 그네 안전바 안으로 절대 들어가지 않는다. 나처럼 강심장으로 키우라는 게 아니라 조금만 더 의연하게 지켜보면서 스스로 놀게 하자는 거다. 좁은 실내에서 놀게 하지 말고 밖으로 나가 손, 발, 입을 마음껏 움직여 뛰어 놀게 하는 게 유아기 최고의 공부습관이다.

쪼그려서 겨우 누울 수 있는 공간 크기의 철장 안에 5시간 정도를 보내는 체험이 화제가 되었다. 실험 초반에는 철장 바닥에 엎드려 스마트폰 게임을 하는 등 여유로운 모습을 보이다가 이내 답답하다며 철장을 마구 두드리다 결국 철장을 부수고 나와 '답답해서 미칠 것 같았다'면서 사람과 동물 모두 뛰어다닐 수 있는 넓은 공간에서 생활해야 한다고 말했다.

중국 광저우의 한 쇼핑몰 안에 있는 수족관 속 좁은 공간에 갇혀 있던 북극곰 피자는 머리를 미친 듯이 흔들어 대는 모습을 보였다고 한다. 놀이동산의 돌고래 쇼로 아이들에게 기쁨을 주는 돌고래에게 사방이 막힌 좁은 공간은 고문실이나 마찬가지다. 스트레스에 시달리는 돌고래는 한쪽 방향으로 빙글빙글 도는 이상 행동을 보인다고 한다. 야생돌고래의 수명이 30~40년인 반면 우리나라 수족관의 돌고래 평균수명은 4년에 불과하다.

스스로 자유롭게 놀이터에서 놀게 하던 어느 날, 아이가 저녁시간이 되어도 돌아오지 않아 걱정이 되어 찾아 나섰다. 놀이터 어디에도 없었다. 위험한 세상에 아이를 너무 자유롭게 둔 건 아닌지 후회도 잠시 했다. 아파트에서 떨어진 곳에 있는 학교 뒤편에서 아이를 찾았다. 톰 소여처럼 탐험을 하는 놀이에 집중하느라 엄마의 부르는 소리도 못 들었단다. 아이들 손에는 제법 탐험가를 흉내 내는 도구들이 들려 있었다. 그때쯤 《톰 소여의 모험》이라는 책을 재미있게 읽고 있었다.

이처럼 자유놀이가 몰입의 힘을 키운다. 안전한 놀이 환경에서 스스로 자유롭게 선택해서 놀게 하면 공부에 필수인 정서적 안정감과 몰입의 힘이 생긴다.

나는 하루도 게을리하지 말고 매일 공부하라고 한다. 낮에 집에서 책 읽고 있으면 나가서 공부하라고 밀어낸다. 어린 시기에는 노는 게 최고의 공부이기 때문에 나가서 사람공부하라고 말한다. "마음껏 놀아라, 잘 놀아야 공부를 잘한다"는 말을 습관처럼 한다.

노는 게 공부라고 배운 아이는 커서 지식공부를 할 때 공부를 놀이처럼 재미있게 할 거라 믿는다. 아이의 친구들이 '노는 게 공부'라고 말하는 엄마를 가진 내 아이를 부러워한단다.

'초등 시기'는 그릇을 단단하게 하는 생각의 힘을 키울 차례다.

영·유아기에 공부그릇을 키웠으면 초등학교 저학년 시기부터는 개념 공부와 생각을 움직이게 하는 공부습관이 필요하다. 읽는 습관은 공부습관과 짝꿍이며 특별히 공부습관에서 언급하지 않아도 전 생애에 걸쳐 필요한 공부습관의 기본이다.

초등시기 공부습관에는 교과서 복습이 제일 중요하다. 교과서 복습의 핵심은 아이가 가르치는 것이다. 아이가 가르치고 엄마는 들으면서 질문만 한다. 교과서 복습에서 엄마의 질문은 이해의 수준을 알 수 있고, 개념 정리가 확실해지고, 생각을 확장시켜 주고, 생활과 연결 지어 생각할 수 있게 하고, 단원의 학습목표와 핵심을 파악하게 해준다.

출처: **NTL**(National Training Laboratories)

학습 효율성 피라미드에 따르면 서로 설명하고 가르치는 게 가장 효율

적이라고 한다. 강의를 하면서 학습 효율성을 직접 경험했다. 강의를 들을 때는 잘 들었으나 강의장 문을 나오면서 대부분 잊어버리는데, 강의를 직접 한 날은 내용의 대부분을 기억하고 오히려 생각이 더 잘 정리가 된다.

엄마가 가르치면 아이가 이해를 못하거나 집중을 안 할 때 소리 지르고 혼내게 되는데, 아이가 가르치면 화기애애한 분위기 속에서 공부하고 즐겁게 마무리하게 된다.

예를 들면 다음과 같이 수학 교과서를 복습하는 것이다. 도형 단원에서 사각형, 반원, 직사각형, 삼각형, 오각형, 타원형, 원 그림 중에서 원을 찾아 동그라미를 하는 활동을 한다.

> 아이 : 원에 동그라미를 치세요.
> 엄마 : 원이 무엇인지 설명이 필요해.
> 아이 : 원은 동그라미예요.
> 엄마 : 원이 동그라미라면 타원에도 동그라미를 쳐야지.
> 아이 : 아니에요. 타원은 아니에요.
> 엄마 : 원은 동그라미고 타원은 동그라미가 아닌 이유가 뭐니?
> 아이 : 원은 예쁜 동그라미여야 해요.
> 엄마 : 엄마가 보기엔 타원도 예뻐. 그럼 동그라미지.

아이가 원과 동그라미 개념을 확실히 알고 있지 않다. 국어사전에서 원과 동그라미를 찾아 함께 읽고 설명은 아이가 하게 한다.

원

• 둥글게 그려진 모양이나 형태, 일정한 점에서 같은 거리에 있는 점들의 집합

동그라미

• 둥그랗게 생긴 모양

아이: 동그라미는 동그랗기만 하면 되지만, 원은 반듯하게 예뻐야 해요.

엄마: 예쁘다는 말이 일정한 점에서 같은 거리에 있다는 말이니?

　　　(지름의 길이가 같아야 함을 설명해 주었다.)

개념을 정확히 이해하면 응용문제도 풀 수 있지만, 개념을 정확히 알지 못한 채 문제를 풀면 응용문제는 틀리게 된다. 며칠 뒤 아이가 물었다.

"엄마, 그럼 동그라미는 집이고 원은 동그라미 집에 살고 있는 가족이에요?"

동그라미가 더 넓은 개념이라는 것을 이해했나 보다.

다른 예로 국어 교과서 '시를 즐겨요' 단원의 봄 시를 복습하는 상황이다. 아이가 시를 시처럼 읽고만 넘어가려 한다.

엄마: 설명이 더 필요해.

아이: 선생님이랑 읽기만 했어요.

엄마: 엄마는 궁금한 게 너무 많아.

　　　엄마가 궁금한 걸 질문으로 만들어 볼게.

　　　아래발치는 무슨 뜻일까?

　　　윤동주는 남자일까, 여자일까?

　　　부뚜막은 무슨 뜻일까?

　　　윤동주가 봄, 여름, 가을, 겨울 사계절 중 봄 시를 쓴 이유는 무엇일까?

　　　아기는 엄마 옆에서 자는데, 고양이는 왜 부뚜막에서 잘까?

엄마의 질문에 아이는 사전을 찾고 검색해서 정보를 모아 엄마에게 설명을 한다. 아이가 찾은 정보의 내용을 간략히 소개하면 이러하다.

'윤동주는 시인, 독립운동가, 28세 사망, 일본형무소 생활, 남자 / 아래발치와 부뚜막의 뜻 / 고양이는 따뜻한 곳을 좋아하는 특성 / 윤동주가 형무소에서 어릴 적 엄마와 같이 맞이한 봄날을 그리워해서 봄을 썼다.(아이 생각)'

복습으로 학교에서 배우지 못한 부분의 지식을 배우고 생각을 확장시켰다. 윤동주를 직접 찾아 설명한 아이는 다른 곳에서 윤동주 이름을 보면 알고 있는 정보를 알려주며 아는 척한다.

아이가 직접 가르치게 하는 교과서 복습은 최고의 공부습관이다. 교과서 복습은 매일 하는 게 가장 좋지만, 엄마의 저녁시간이 바쁜 날은 몰아서 할 때도 있다.

내 아이의 교육로드맵은 7시 전후에 일어나 신문이나 책 읽기, 하교 후

3시간은 놀이터에서 놀기 공부, 저녁 2시간은 교과서 복습과 일기, 독서일 기 쓰기다. 그 이후에는 틈틈이 스스로 독서를 한다. 매일 꾸준히 하려고 하지만 상황에 따라 못하는 날도 있다.

초등시기에도 놀기공부에 상당 시간을 할애하는 것은 운동, 놀이와 뇌 발달에 관한 많은 연구자료를 접했기 때문이다. 내 아이는 사교육만 안 할 뿐 눈뜨는 시간부터 감는 시간까지 공부를 한다.

'초등 고학년기'의 공부습관은 국내봉사, 해외 봉사하기다.

아직 내 아이가 고학년이 아니라 계획만 세워두었다. 공부를 하는 목적 은 남을 돕기 위해서다. 공부해서 '남 주냐'가 아니라 공부해서 '남 주라'고 한다. 남을 돕기 위해서는 도와야 하는 이유를 스스로 알아야 한다. 국내 외로 봉사활동을 하면 돕고자 하는 마음이 들 것이고, 돕고자 하면 스스로 공부를 하게 될 것이다.

고학년 때는 읽기, 쓰기, 생각하기 공부를 유지하면서 봉사활동을 함께 할 계획이다. 남을 돕기 위한 공부는 지식공부가 아니라 지혜공부여야 한 다. 지식은 인터넷과 사전에 훨씬 더 많다. 지식공부는 머리로만 하지만, 지혜공부는 머리와 마음으로 하는 공부다.

신문 기사에 보면 연세대 졸업생 황모 씨(25)는 감기약과 화학약품을 등 을 이용해 필로폰을 만들어 구속되었고, 학교 측에서는 진상을 철저히 조 사해 졸업 취소 등 적정한 징계를 취하겠다고 했다. 신문기사의 주인공이 우리나라 상위권 대학을 졸업했다니 지식이 부족한 사람은 아니다. 이 학생은 왜 이런 일을 선택했을까? 지식공부는 많이 했지만, 마음공부가 부족하기 때문이다.

머리와 마음이 만나는 지혜공부가 필요하다. 내 아이를 하버드대에 보내겠다는 목표는 공부습관에 대한 믿음 때문이다. 하버드대에서 필요한 인재는 지식이 가득한 사람이 아니라 공동체, 사회에 기여하는 사람, 지혜를 나눌 줄 아는 사람이라고 한다. 하버드대는 지식이 많은 사람만 원하는 것이 아니라 지혜가 많은 사람을 원한다. 지혜공부를 많이 하면 할수록 사람들에게 많이 나누어 줄 수 있으니, 지혜공부를 게을리하지 말라고 한다.

모든 아이들은 천재로 태어난다. 천재로 태어난 내 아이를 머리가 나쁜 아이로 만들지 말자. 공부습관은 뇌를 공부하면서 알게 된 사실을 아이에게 적용하고 있는 방법이다. 공부습관으로 나눔을 선물하자.

10

쓰는 습관

습관육아의 10개 습관 중에서 9개의 습관을 이끌어낸 대장습관은 읽기 습관이고, 제일 졸병습관은 쓰는 습관이다. 쓰는 습관이 제일 막내인 이유는 1000권 이상의 책을 읽은 후부터 쓰고 싶은 마음이 생겼기 때문이다. 일기도 꾸준히 써본 적 없는 사람이 글을 쓰고 싶어졌다.

글을 쓰고 싶은데 어떻게 써야 할지 막막해서 글쓰기에 관련한 책을 읽었다. 글쓰기 책을 읽으면 읽을수록 내가 글을 쓸 수 없는 걸림돌만 발견하게 된다. 글쓰기 교육을 받은 적도 없고, 필력을 키우고자 노력한 적도 없고, 필사도 꾸준히 해본 적 없고, 일기도 꾸준히 써본 적이 없고, 글을 못쓰는 이유들만 확인하게 되었다. 글쓰기를 해본 거라고는 행복일기 쓰기(일기쓰기), 독서일기 쓰기 몇 년이 고작이다. 글쓰기를 배우고 싶었으나 비싼 수강료는 나에게는 부담이라 시작도 못해봤다.

우연히 도서관 신간코너에서 골라잡은《내가 글을 쓰는 이유》라는 책에서 글쓰기의 디딤돌을 발견했다. 무일푼 막노동꾼, 알코올중독자, 전과자, 파산자라는 작가의 이력이 책을 당장 읽고 싶게 했다. 글을 쓰고 싶은 나에게 감동으로 다가왔다. 내용이 너무 좋아 다 옮겨 놓고 싶었다. 가장 인상 깊은 구절은 '글은 손으로 쓰는 것이다'였다. 이 한 문장이 글 쓰는 행복한 삶의 세상으로 이끌었다. 나는 손이 있으니 글을 쓰면 된다는 것이다.

　'손부터 움직이기 시작하자. 손이 움직이기 시작하면 머리가 따라올 것이다. 기적은 손끝에서 일어난다!'

　내 손끝을 한참 물끄러미 바라보았다. 그리고 손을 움직여 매일 글을 쓰기 시작했다. 남에게 보이기 위한 글, 잘 쓴 글, 훌륭한 글이 아니었다. 그냥 내가 쓴 나의 글이었다. 장소, 시간 상관없이 그냥 손을 움직였다. 날마다, 때마다 나의 손이 내 안에 나를 만나게 해주었다. 나의 글쓰기는 홀랑 벗은 알몸인 나와의 만남이었다. 내 안에 나를 만나 울고, 웃고, 후회하고, 다짐하다 보니 치유가 일어났다.

　'엄마'라는 두 글자를 쓰고 나니 손이 바삐 움직였다. 내 안에 친정 엄마를 만나 펑펑 울기도 하고, 아빠를 만나 아빠의 대한 미운 마음 뒤에 숨겨진 안쓰럽고 죄송한 마음이 들어 사과를 하기도 했다.

　글쓰기를 하면서 '생각 읽기'도 가능해졌다. 쓰는 습관 전에는 책을 읽고 감명받은 글이나 나의 삶에 적용할 부분을 적었다면, 지금은 저자의 생각을 읽게 되었다. 저자의 생각 한 줄에 나의 생각을 한 장 이상의 글로 표현하기도 하고 오래 사색에 빠지기도 한다. 일주일에 2권 이상 책을 읽었는데, 사색이 더해지면서 한 달에 2~3권 읽게 되었다. 쓰는 시간이 더 많아졌다.

아이들에게 듣기, 말하기, 읽기, 쓰기 중에 가장 늦게 발달되는 것이 쓰기다. 쓰는 습관은 다른 습관들보다 조금 어려울 수 있다. 내 아이도 아직 쓰고 싶은 마음으로 즐겁게 쓰지는 않는다.

쓰기는 초등입학 전후로 시작해야 하는데, 쓰기를 위해 소근육 키우기가 먼저다. 유치원 교사로 15년 넘게 아이들을 만나고 느낀 것 중에 하나는 요즘 아이들은 소근육, 대근육 발달이 느리다는 것이다. 이유는 놀이의 부족이라고 공부습관에서 앞서 설명했다.

대근육은 가슴, 팔, 다리, 어깨 등 몸의 큰 근육을 말하는데, 대근육 운동은 두뇌와 신체는 물론 정서 발달에도 막대한 영향을 미친다. 소근육은 작은 근육으로 정교한 움직임이 필요할 때 사용하는 손가락의 근육과 얼굴 근육 등을 말한다. 소근육 운동으로는 젓가락질, 단추 끼우기, 가위질, 접기, 꿰기 등이 있다. 소근육은 생후 1년부터 취학 전까지의 유아기 때 발달한다.

유아기 초기에는 대근육 발달이 지배적이고, 후기로 갈수록 소근육의 발달로 정교한 신체 조절로 혼자 옷 입기, 신발끈 매기, 글쓰기 등이 가능해진다. 글쓰기를 위해서는 소근육의 힘이 필요하지만, 소근육을 잘 사용하려면 대근육을 먼저 발달시켜야 한다.

나는 유아교육에 전문적인 정보가 있어 대 · 소근육 발달에 많이 신경을 쓰면서 키웠다. 아이들은 그리고 싶어 한다. 나는 아이가 마음껏 그릴 수 있도록 했다. 큰 전지 종이도 넉넉히 사두고, 화가들이 어릴 적 땅바닥에 그림을 그린 것처럼 바닥에 그림도 그리게 하고, 도배는 다시 하면 되는 일이라 생각하고 아이 방 벽에도 마음껏 그리게 했다. 단 아이 방에만 그리도록 했다. 아이는 신기하게 자기 방 벽에만 그림을 그렸다.

만들기도 자유롭게 하도록 했다. 재활용품을 깨끗이 씻고 말려서 큰 바구니에 담아두면 아이는 재료를 이용해 무엇인가를 뚝딱뚝딱 만들어 낸다. 만들기에 필요한 스카치테이프, 칼, 가위도 사용하도록 했다. 가위는 4살 때부터 줬다. 가위로 자르는 시범을 보이고 살을 자르지 않도록 당부했다. 가위 사용을 허용하자 헤어디자이너가 될는지 머리카락도 자르고, 패션 디자이너가 될는지 옷도 잘랐다. 잘라진 옷은 마음껏 더 자를 수 있게 했다.

칼은 7살부터 사용하도록 했다. 남편은 '안전불감증의 엄마'라며 정신차리라고 구박을 했지만, 나는 아이가 감당할 수 있는 위험한 환경을 만들어 주고 스스로 안전을 지키는 방법을 알게 해야 된다는 생각으로 남편의 말을 못 들은 척하고 나의 양육방법을 고집했다.

아이는 초등학교 1학년 말부터 엄마가 바쁠 때는 칼로 사과를 깎아 먹었다. 먹는 것보다 깎아내는 게 더 많기는 하지만 한 번도 손을 벤 적이 없다. 7살에는 달걀후라이도 혼자 해먹은 적이 있고, 밥도 한 적이 있다. 맛과 모양은 상당히 부족했지만 대·소근육의 움직임은 능숙했다.

내 경험을 이야기하면 이렇게 말한다.

"선생님 아이가 특별해서 그런 거예요."

그러면 나는 이렇게 말한다.

"특별해서 그런 환경을 준 것이 아니라, 내가 준 환경이 특별한 아이를 만든 거예요."

아이가 안전할 수 있는 범위 안에서 대·소근육을 많이 사용하도록 하자. 소근육이 시기보다 빨리 발달한 아이는 5살 때부터 종이접기에 관심을 보였다. 종이접기에 관심이 늘면서 접는 방법을 알려달라고 조르기 시작했다.

방법보다 하고 싶은 마음을 더 중요하게 생각해서 종이접기 자격증도 있지만 모른다며 안달이 날 때까지 안 가르쳐줬다. 조르기 절정에 달할 때쯤 한글도 못 읽는 아이에게 종이접기 책 한 권을 사줬다. 목마른 아이는 그림을 보면서 종이접기를 하기 시작했다. 하다가 몰라서 도움을 요청할 때는 적극적으로 도움을 주었다. 며칠 전에는 눈에 보일듯 말듯한 크기로 새를 접어서 깜짝 놀랐다. 네가 접은 거 맞냐고 의심하는 엄마가 되었다.

물감으로 그리기도 서너 살 때부터 자유롭게 했다. 물감 사용은 화장실에서만 할 수 있도록 일러두고 물감, 붓을 넣어주면 몇 시간을 놀다가 나온다. 목욕탕 벽을 도화지 삼아 벽화를 그려놓는다.

그 외 소근육 발달을 위해 겉옷은 스스로 입도록 했다. 아이는 겉옷을 인형에게 옷을 입히듯 옷을 바닥에 펼쳐 놓은 후 그 위에 그대로 자기 몸을 눕혀서 팔을 끼우고 일어나는 방식으로 입었다. 그냥 두면 알아서 방법을 찾는다는 것을 내 아이를 키우면서 확인했다.

이렇게 자유롭게 손과 발을 움직여서 놀게 한 덕분에 소근육 발달이 빨라 한글을 늦게 읽기 시작했지만 쓰기는 빨리, 쉽게 했다.

주의할 점은 쓰기도구를 소근육 발달에 맞게 주어야 한다. 손에 힘이 없는 아이들에게 얇은 색연필, 사인펜을 일찍 주면 잡는 방법이 바르지 못하게 된다. 연필을 바르게 잡는 아이들이 거의 없다는 1학년 담임 초등교사의 하소연을 듣고 설마 했었는데, 아이 1학년 때 친구들을 가르치면서 직접 확인했다. 연필 잡는 방법이 틀어지면 자세가 불편하고 자세가 불편하면 쓰기를 어려워하게 된다.

7살 남자아이의 한글 쓰기를 부탁(애원?)하는 아빠가 있었다. 집에서 한글공부를 너무 싫어하니 초등학교 입학하기 전에 한글을 쓸 수 있게 해달라고 하셨다. 그 아이가 한글 공부를 싫어한 이유는 손에 힘이 없어서였다. 유치원에서 손으로 하는 활동 모두 힘들어했다.

집집마다 아이 키우면서 애절한 사연 하나쯤은 다 있는 것 같다. 이 아이의 아빠에게도 아들은 가슴이 아픈 자식이라며 모든 것을 다 해주고 계셨다. 신발 신는 것도 서툴러서 아빠가 도움을 주셨다. 한글을 가르치기 전에 스스로 하는 활동을 늘여서 손의 힘을 키우게 하라고 아이 6살부터 말씀을 드렸는데도 한글만 가르쳐 달라는 아빠였다. 결국 한글을 못 떼고 졸업했다. 대·소근육 발달은 아이를 너무 안쓰럽게 보면 실패한다. 강심장으로 해야 한다.

쓰기를 위한 힘을 키웠으면 이제 본격적인 쓰기를 시작하자. 아이의 쓰기습관을 위해서 쓰기 목적을 분명히 할 필요가 있다. 내가 아이에게 글을 쓰라고 하는 것은 문장력을 키우고, 문법에 맞게 글을 쓰기 위해서가 아니다. 생각을 스스로 글로 표현할 수게 있게 하고, 치유를 위해서다.

이 쓰기목적과 다른 '받아쓰기'와 '그림일기'를 아이에게 열심히 하라고 하고 싶지 않았다. 아이가 1학년 때 받아쓰기를 시작했다. 아이가 받아쓰기를 30점 맞아 와도 걱정되지 않았다. 100점 맞는 날이 거의 없어도 연연하지 않았다. 가르치지도 않았다. 다만 숙제는 성실히 했으면 하는 마음으로 받아쓰기 연습 숙제는 해야 하는 것이라고 가르쳤다.

내 아이가 유치원에서 7살 2학기부터 그림일기 쓰기를 할 때도 마찬가지였다. 아이들은 보통 그림을 그리고 색칠을 하기 때문에 정작 일기를 쓸 때는 힘이 빠져 하기 싫어한다. 그림일기는 칸으로 되어 있어 고난이도의 한글 기술인 띄어쓰기도 해야 한다. 숙제는 해야 한다고 가르쳐야 하지만, 당시에는 쓰기를 하는데 흥미를 떨어뜨릴 것 같아 하지 않아도 된다고 했다.

그즈음부터 나는 그림일기 대신《사자소학》필사를 하도록 했다. 글자크기를 조절해야 하므로 칸 공책을 사용했지만 띄어쓰기는 가르치지 않고, 두 줄 정도 분량의《사자소학》을 따라 쓰도록 해서 연필 잡는 힘을 길렀다. 1학년이 되면서 교과과정과 상관없이 '일기, 독서일기, 여행일기'를 쓰기 시작했다.

일기는 나와의 만남이다. 아이가 월부터 금요일까지 자신을 만나는 시간을 가지도록 일기쓰기를 하게 했다. 주말에는 일기도 쉬고 싶다고 해서 주말은 일기도 휴일이다. 일기를 쓰게 할 때는 나만의 원칙이 있다.

첫째, 일기를 함께 쓴다.

엄마는 엄마일기를 아이는 아이일기를 쓴다. 그렇게 중요하다고 하는 일
기쓰기를 엄마는 안 하고 아이에게만 하라고 하면 아이에게 일기쓰기는
중요하지 않게 생각하게 된다.

둘째, 아무런 간섭도 하지 않는다.

일기가 나와의 만남이라고 한 것은 타인을 의식하지 않는 자유로움이다.
옆에서 이렇게 써라, 저렇게 써라 간섭하면 쓰기 싫어진다. 일기 쓰는 목적
을 분명히 할 필요가 있다.

일기쓰기에서 엄마들이 가장 많이 궁금해하는 것은 '일기 쓰는 방법을
가르쳐 주어야 할까?'이다. 어떤 엄마는 지인에게 일기로 문장력을 키워야
한다며 엄마가 완벽한 문장으로 불러주면 그대로 받아 적도록 해서 초등
학교 고학년 때까지 학교 대표로 글쓰기 대회라는 대회는 다 참가하는 영
광을 얻었다는 경험담을 들었단다. 엄마가 일기를 쓰게 하는 목적이 무엇
인지를 분명히 하면 일기 쓰는 방법을 가르쳐야 할지 말아야 할지의 고민
이 해결된다.

셋째, 일기 쓰는 형식을 책을 통해 알도록 한다.

일기쓰기에 관한 재미있는 동화책이 많다. 아이가 일기쓰기는 매일 해야
한다는 생각을 굳혀갈 때쯤 도서관에서 동화책 몇 권을 빌렸다. 책에서 소
개된 방법들 중 스스로 골라서 동시일기, 신문스크랩일기, 생활일기, 만화

일기 등으로 일기를 쓰기도 하고, 지금은《윔피 키드》라는 다른 사람이 쓴 일기를 보고 깔깔거리며 읽고 또 읽으며 일기 쓰기 재미에 푹 빠졌다. 아이 일기를 보면 가르치고 싶은 마음이 들 때도 있지만, 아이의 쓰기습관을 위해서는 가르치지 않고 보기만 할 수 있는 엄마의 용기가 필요하다. 엄마의 용기를 필요하게 하는 아이의 일기를 수정 없이 그대로 소개한다. /모양도 아이의 글을 그대로 옮겼다.

날짜/ 2017년 4월 19일 수요일　제목/ 엄마　지은이/ 임효주
엄마는 따듯하게 감싸줄 때가 많다. 하지만 화낼 때도 적지 않아서 걱정이다. 하지만 엄마가 좋기도 해서 어떻게 해야할진 모르겠다. 그리고 엄마는 실을 때도 있고 귀여울 때도 적지가 않다. 사실 엄마는 너무 실을 때가 많다. 하지만 엄마는 엄마이니 내가 뭐라고 못한다. 하지만 엄마는 엄마다. 그래서 어쩌수없다.

날짜/ 2017년 4월 27일 목요일　제목/ 토순이
지은이/ 임효주(나)　그린이 /×　엮은이/ ×　원작/ 임효주(나)
감독 /엄마　출판사/ 우리집
토순이는 귀엽다 토순이는 깜찍하고 부드럽고 인기짱이다.

　내 아이의 일기는 국어활동을 목적으로 하는 엄마에게는 글씨체, 띄어쓰기, 맞춤법, 문장부호, 문장력, 일기의 양(딸랑 한 줄이다.) 등 고쳐주어야 할 점이 너무 많다.

하지만 나는 고칠 점보다 엄마에 대한 감정을 글로 썼다는 점과 일기를 쓰는데 원작, 감독, 출판사를 생각한 점에 격려할 점을 먼저 본다. 나는 글을 쓰는 행위만 격려할 뿐 아무런 방법도 알려주거나 코치하지 않았다. 《내가 글을 쓰는 이유》 책에서 글쓰기는 배설이고, 배설은 나만의 힘으로 해내는 것이라고 했다. 배설은 아이의 힘만으로 해야 하기 때문에 엄마가 해줄 것은 아무것도 없다. 글 쓰는 환경을 만들어주어 맛을 보게 하는 것밖에 없다.

'독서일기'를 쓰게 하자. 책을 많이 읽는 것도 중요하지만 책을 읽고 무엇을 생각하게 되었는지도 중요하다. 독서일기는 읽은 책에 대한 생각을 글로 표현하는 활동이다.

일기쓰기가 익숙해질 때쯤 독서일기를 쓰도록 했다. 엄마가 독서일기 쓰는 모습을 항상 봐왔기 때문에 독서일기를 왜 써야 하는지 따져 묻지 않았고 당연히 써야 하는 것으로 받아들였다. 월요일부터 금요일까지 읽은 책 중에서 한 권을 아이가 선택해서 생각을 글로 적도록 했다. 어떻게 쓰냐고 물어봐도 쓰고 싶은 대로 쓰라고 형식은 없다고 말해주었다. 독서일기를 쓰는 법에 맞게 쓰게 하는 것부터가 생각을 제한하는 것이라 독서일기를 쓰게 하는 목적에서 벗어나기 때문이다.

아이가 독서일기를 어떻게 써야 하는지 고민을 많이 하는 것 같아 독서일기 쓰는 책을 도서관에서 빌려 주었더니 그 책도 어렵다며 읽지 않았다. 어려우면 어려운 대로 스스로 방식을 만들어 가는 것도 교육이라 생각하고 참견하지 않았다. 다음은 아이가 며칠 전에 쓴 독서일기다.

날짜/ 2017년 4월 11일 화요일   도서 제목/ 누리야 누리야
지은이/ 양귀자   그린이/ 조광현   출판사/ 문공사
누리가 불쌍하다. 아빠는 어렸을 때 돌아가고 엄마도 잃어 버렸지만
긍정적인 생각하는 누리

《누리야 누리야》 책을 서너 번은 읽고, 읽을 때마다 감동적이라며 펑펑
울었는데, 200페이지짜리 책을 읽은 아이의 독서일기가 딸랑 한 줄이다.
이 독서일기를 참견하지 않고 보기만 해야 하는 엄마 용기가 필요하다. 하
지만 '긍정적으로 생각하는 누리'라는 아이의 생각을 표현했기에 독서일
기 쓰는 목적 달성이라 여긴다.

글을 자연스럽게 쓰기 시작한 다음부터 '여행일기'를 쓴다. 엄마 노트 한
권, 아이 노트 한 권을 준비했다. 쓰기를 싫어하는 아빠에게는 강요하지 않
기로 했다.

여행에 가서 남기고 싶은 것을 사진에 담는 것처럼, 나는 아이가 원하는
장소를 직접 소개하는 모습을 동영상으로 촬영해 주었다. 보통 여행은 한
장소만 가는 것이 아니기 때문에 본 것, 느낀 것, 생각하게 된 것들을 기록
해 두지 않으면 잊어버려서 동영상으로 촬영하게 되었다. 잊어버리면 여
행일기에 쓸 거리가 없다. 숙소로 돌아가면 사진과 동영상을 보면서 회상
하는 시간을 갖는다. 동영상을 보면서 회상되는 감정, 생각들을 여행일기

로 쓴다.

여행일기를 쓰면 눈으로 즐기는 여행에 생각여행까지 더해진다. 경제공부도 되고, 자연을 직접 느끼고 쓰는 글이므로 표현력이 좋아진다.

1월 15일 일요일　대천해수욕장　제목/ 바다
묵는 시간/ 1박 2일　요금/ 모두 한 방(10000원)
오늘은 엄마,아빠와 함께 해수욕장에 갔다. 처음 가는 느낌이 들었다. 바다가 출렁출렁 거렸다. 마치 대화 나누듯이...... 바다도 우리가 사람인걸 알까? 나는 바다의 빛을 보왔다. 바다의 파도가 내발을 적셨다. 차가운 물을 마시듯 정말 파도 안에는 ...생물이 살까? 나는 궁금했다.

1월 16일 월요일
대천바다가 나를 부르듯 찰랑찰랑, 철석철석 노래했다. 그리고 갈매기도 배가 고픈지 깍깍~~~~ 소리를 냈다. 나는 갈매기가 위험 할 때 깍깍 ~~하면서 날아오르면 다른 갈매기들도 깍깍~~하면서 날아오른다는 사실을 알았다.(이하 생략)

아이가 쓴 여행일기는 독서일기나 생활일기와 사뭇 다르다. 나는 저녁 늦게까지 하나라도 더 보여주려고 여행 일정을 빡빡하게 하지 않고, 저녁이면 일찍 들어가 여행일기를 쓴다. 사람들과 함께 가는 여행도 좋아하지만, 술파티로 끝나는 것보다 여행일기로 끝나는 가족여행을 더 즐겨 간다.

쓰기습관에 도움을 준 특별이벤트도 있다. 쓰기습관을 위해서가 아니라 마음이 아픈 아이와 정서적 교감을 위해 시작했는데 글쓰기에 도움을 받은 '편지쓰기'다. 사람들이 무엇인가를 선택할 때는 나에게 감동을 주는 것을 선택한다고 한다. 그래서 영업에 관련한 자기계발서에 고객을 감동시키는 다양한 방법들이 소개되는 것 같다. 감동을 위한 이벤트는 '깜짝 편지 쓰기'다.

소풍 가는 날 도시락 안에 '잘 다녀오라'는 사랑이 담긴 편지 몇 줄, 학교에서 돌아온 아이가 잘 볼 수 있는 곳에 편지 몇 줄, 신발 안에 편지 몇 줄, 필통 안에 편지 몇 줄, 어디에서 나타날지 모르는 엄마의 편지로 감동을 주고 싶었다. 답장을 한 번도 받아본 적은 없지만 답장을 쓰라는 말도 한 번도 한 적도 없다. 편지쓰기는 나의 마음을 표현하는 것이지 답장을 받기 위함이 아니다. 엄마에게 답장을 쓰지는 않았지만, 아이는 늘 늦게 돌아오시는 아빠에게 엄마가 한 것처럼 몇 줄의 편지를 써서 여기저기 붙여 두어 감동을 준다.

또 하나의 특별이벤트는 '메모습관'이다. 유치원 원감이었을 때 175명의 원아와 부모를 관리하려니 기억으로만은 불가능했다. 늘 메모장을 가지고 다니며 메모하는 습관이 생겼다. 지금도 가방에 화장품은 안 가지고 다녀도 책 1권과 메모장 1권은 필수품이다. 작가, 강사는 언제나 떠오르는 글을 메모하는 습관이 필수인 것 같다.

엄마의 메모습관을 보고 자라는 아이가 공짜로 생긴 수첩을 달라고 하더니 메모하기 시작한다. 다양한 자기만의 메모인가 보다. 이제 메모하기 시작해서 습관으로 이어질지는 모르겠지만 아이의 변화에 마음이 흡족하다.

쓰고 싶은 마음을 가지게 된 아이가 어린이 신문에 동시가 실렸으면 좋겠다면서 동시를 써서 보냈다. 내 눈에는 동시 같지 않아서 보내고 싶지 않았지만, 아이의 간곡한 부탁에 어쩔 수 없이 보냈다. 어린이 신문에 동시가 실렸다.

〈독감〉

머리에 열이 뽀글뽀글
머리가 어질어질

병원에 갔더니
아픈 주사 바늘 쏙

몸아 미안해

아이가 쓴 동시는 마음을 따라 손을 움직여 쓴 글일 뿐이다. 가끔 동시가 떠오른다며 입으로 동시 짓기도 한다. 엄마가 참견하지 않고 보기만 할 수 있는 용기가 있었기에 아이는 아직 부족하지만 꾸준히 쓰기를 해나가고 있다. 신문에 실린 동시로 쓰기에 관심이 커졌다.

어느 날 아이가 "어린이가 책을 쓰기도 해요?"라며 질문을 했다. 왜 궁금하냐고 물어봤더니, 나도 엄마처럼 아이의 생활이 얼마나 힘든지 책을 쓰고 싶다고 했다. "내 일기를 모으면 책이 될 수 있잖아요"라며 방법까지 생각해서 깜짝 놀라게 했다. 네가 책을 쓰면 대한민국에서 책을 쓴 첫 번째 초등학생이 될 거라며 호들갑을 떨며 기뻐해 주었고,《글 쓰는 엄마와 딸》이라는 제목으로 공저를 하자는 제안도 했다. 그 후 책 쓰기의 관심이 사라졌는지 책 쓰기에 대한 이야기는 하지 않지만, 쓰기습관으로 행복한 삶을 살게 될 거라고 확신한다. 초등학교를 졸업하기 전에 엄마들만 육아하기 힘든 게 아니라, 아이들도 자식 노릇하기 힘들다는 메시지를 담은 책을 출간하는 꿈(엄마의 욕심?)을 가져본다. 쓰기습관으로 자기와의 만남을 통한 치유와 성장을 선물하자.

엄마가 주는 최고의 선물

제 5 장

육아는 어린아이를 기르는 것이다. 습관육아에서 육아는 엄마와 아이를 기르는 것이다. 엄마 마음 안에도 성장을 멈춘 아이, 상처받은 아이가 살고 있다. 엄마 마음 안에 아이를 먼저 육아해야 내 아이 육아가 행복하다.

어떤 사람들은 간혹 아이를 잘 키우고 있다며 나를 부러워한다. 당차고 씩씩하고 자기주장을 할 줄 아는 보여지는 모습만 보고 큰 인물이 될 거라고 말한다. 하지만 나는 아직도 내 아이가 마음이 아프다는 것을 안다. 아이를 잘 키우고 있는지 자신 있게 대답을 할 수 없지만, 엄마가 잘 크고 있다는 건 자신 있게 말할 수 있다. 내 자식 잘 키우려는 욕심으로 시작했고, 아이 마음 아프게 한 가슴 시리게 미안한 어미의 마음으로 노력한 습관육아가 나를 먼저 엄마로 길렀다. 내 안에 있는 상처받고 성장이 멈춘 어린아이를 잘 키우고 있으니 아이도 스스로 잘 클 거라 믿는다.

엄마 앞에 '우리'라는 두 글자가 붙으면 엄마의 힘이 몇 배로 강해진다. 어릴 적 친구들이랑 싸울 적에 "우리 엄마한테 이를 거야"라는 말이 참 든든했던 기억이다. 언제나 내 편인 우리 엄마. 언제나 내 편인 우리 엄마가 주신 선물은 성실이다. 농사를 성실히 지으시는 삶으로 보여주신 선물로 내 아이에게 습관육아를 선물하는 영광을 얻었다. 감사하고 감사하다.

습관육아는 엄마가 엄마에게 주는 최고의 선물이고, 엄마가 아이에게 주는 최고의 선물이다.

01
자랑스러운 대한민국 교육열

대한민국 엄마들의 교육열은 세계적으로 소문이 자자하다. 대한민국 엄마들의 교육열을 긍정적으로 보면 자식에 대한 사랑이고, 부정적으로 보면 성공에 대한 집착이다. 나는 긍정적으로 살려고 노력하는 사람이라 자식에 대한 사랑이라고 말하고 싶다.

대한민국 엄마들의 자식 사랑은 〈어머니 은혜〉의 노랫말처럼 하늘보다 높고 바다보다 넓다. 이 노래는 자식에 대한 엄마 사랑의 본질을 대표하는 노래라고 생각한다.

한 가지 아쉬운 점은 요즘 엄마들에게는 사람되라 이르시는 어머님 은혜가 부족하다. 사람되라 이르는 말보다 공부하라, 성공하라는 말을 더 이르신다. 아이들에게는 어머니 은혜가 아니라, 어머니 스트레스가 된다. 아이들이 이 노래를 개작한다면 아마도 이런 노래가 될 것 같다.

높고 높은 하늘이라 말들 하지만
나는 나는 높은 게 또 하나 있지
공부하라 이르시는 어머님 스트레스
푸른 하늘 그보다도 높은 것 같애

넓고 넓은 바다라고 말들 하지만
나는 나는 넓은 게 또 하나 있지
성공하라 이르시는 어머님 스트레스
푸른 바다 그보다도 넓은 것 같애

대한민국 엄마들의 교육열에 부정적인 염려들이 많지만 괜찮다. 자식에 대한 사랑은 하늘보다 높고 바다보다 넓으니 가능성 100%로다. 자식 사랑을 비판하지 말고 방향을 제시하면 된다.

나도 대한민국에서 아이를 키우고 있는 대한민국 엄마다. 어느 누구보다 교육열이 높은 대한민국 엄마다. 대한민국의 엄마라서 자랑스럽고 대한민국 엄마의 교육열이 자랑스럽다. '공부하라, 성공하라'는 교육열의 방향을 '사람되라'는 방향으로 바꾸면 된다.

부모의 사람되라는 가르침 없이 아이 스스로 사람이 되어가는 법은 없다. 부모의 제대로 된 역할이 필요하다. 아빠는 아빠의 역할을 엄마는 엄마의 역할을 아이들은 아이의 역할을 제대로 하면 질서가 잡힌다. 그런데 부모의 역할을 잃어버렸다. 역할을 먼저 찾아야 한다. 2017년 4월 6일 신문에 실린 역할을 잃어버린 기사다.

우리 국민 다수는 좋은 부모가 되기 위한 최고의 조건으로 사랑과 관심보다 돈을 꼽았다. 육아정책연구서가 4일 공개한 '한국인의 부모됨 인식과 자녀 양육관' 연구보고서에 따르면 성인 다섯 명 중 한 명은 바람직한 부모가 되기 위해 가장 필요한 덕목으로 경제력을 꼽았다. 셋 중에 한 명은 좋은 부모가 되는데 가장 큰 걸림돌로도 경제력을 꼽았다.

좋은 부모의 최고 덕목이 돈이라는 어른들의 인식이 가슴이 저리도록 안타깝고, 스스로 돈의 노예임을 인정하는 사고가 자식들에게 부끄럽다. 부모 스스로가 부모의 역할인 사람됨을 가르치기를 포기하고 돈을 선택했다. 대한민국 엄마들의 교육열이 이토록 뜨거운 이유는 '공부해서 성공하면 돈 벌고 잘 먹고 잘살 수 있기 때문이다'라는 것을 보여준다. 그래서 지금 대한민국은 하늘에 먹구름이 잔뜩 끼고 금방이라도 번개와 천둥이 칠 것 같은 날씨다. 하늘의 날씨는 우리가 선택할 수 없지만, 날씨에 영향을 주는 자연은 우리가 가꾸고 보호할 수 있다.

부모의 생각부터 가꾸자. 공부해서 성공하고 성공해서 모두가 잘 먹고 잘사는 세상을 만들자. 돈으로 성공하지 말고 사람됨으로 성공하게 하자. 부모 스스로 부모의 덕목이 돈이라고 생각한다면 당연히 자식도 돈을 위해 인생을 바치는 불행한 삶을 선택한다.

부모의 최고 덕목은 사람되라 이르는 것이고, 엄마의 역할은 사람됨으로 성공하는 자식이 되도록 돕는일이다. 자식의 성공을 도우려면 성공의 원리를 알아야 한다. 자식의 성공을 위해 한 달에 100만 원을 공부에 투자한다고 가정해보자. 지금 10살이라면 투자 수익이 발생하기 시작하는 시기를 대략 30세라고 가정할 때 앞으로 20년을 더 투자해야 한다. 투자 총 금액은 2억 4천 만 원이다. 시간과 노력의 투자도 값으로 환산한다면 숫자는 커진다. 30세에 취업해서 성공한다는 보장도 없다. 즉 수익 보장이 안 되는 투자다. 성공의 원리는 수익 보장이 안 되는 곳에 투자하는 것보다 수익 보장 가치가 높은 능력에 투자하는 것이다. 부모가 해야 할 일은 아이들이 보지 못하는 세상을 읽어 미래가 필요로 하는 가치 높은 능력에 투자하는 것이다.

인공지능의 시대가 시작되었다. 투자도 로봇이 하고, 연주도 로봇이 하고, 노인들의 말벗도 로봇이 하고, 호텔도 로봇이 운영하고, 피자도 로봇이 만들고, 인터넷은행이 열리는 세상이다. 일본 일간신문 〈니혼게이자이〉와 영국 경제신문 〈파이낸셜 타임스〉에 의하면 총 820여 개 직업이 수행하는 업무 2069개를 분석해 앞으로 50년 안에 사람이 하는 업무 710가지(34%)는 로봇이 대체하게 된다고 한다. 〈어린이 동아일보〉에서는 2020년에는 택시를 지상이 아니라 상공에서 보게 될 전망이라고 한다.

로봇을 경쟁해야 하는 아이들에게 부모의 덕목이 돈이 되어서는 성공할 수 없다. 로봇이 해야 할 일을 사람이 하겠다고 미련 떨지 말고, 로봇에게 깨끗이 몰아주고 사람만이 할 수 있는 일을 찾아 하면 된다. 로봇에게는 없고 사람에게만 있는 것은 무엇일까?

상상, 판단, 결정, 창의, 문제해결을 하는 생각과 인성, 감성 등의 마음영역이다. 사람만이 할 수 있는 마음과 생각을 키우는 것이 바로 습관육이다.

현재 대한민국의 교육은 로봇들이 할 수 있는 기술을 익히는 공부법이다. 지금의 교육열의 방향을 바꾸지 않고 이대로 가면 우리 아이들이 로봇의 노예로 살아가게 된다.

좋은 부모의 덕목이 돈이라고 한 것은 자식 키우는데, 돈이 많이 든다는 하소연인 듯해서 부모들의 힘든 마음은 충분히 이해가 된다. 그런데 내가 자식을 키워보니 자식 키우는데 돈이 많이 드는 것이 아니라, 부모들이 돈을 들이니까 돈이 많이 드는 거라는 것을 알았다.

나는 자식 키우는데 돈이 거의 안 든다. 사교육비 0원, 학교는 의무교육, 책은 도서관에서 주로 빌려 읽고, 육신을 치장하는데 관심이 없어서 외모 유지비도 거의 없다. 교육은 돈 안 드는 습관육아를 한다. 자식 교육은 부모가 돈 들이기 나름이다.

미래를 살아갈 아이들에게 로봇에게 몰아주어야 하는 현재 교육에 돈 들일 필요 없다. 습관육아로 스스로 생각하는 아이, 행복, 사랑, 감사, 인성이 가득한 마음을 가진 아이로 키우자. 좋은 부모의 덕목은 돈이 아니라 습관육아다. 자랑스러운 대한민국의 교육열 방향을 사람됨으로 기르는 쪽으로 틀어야만 한다.

10

1+9
대박득템 습관육아

나는 한 개 값으로 두 개의 이득을 보는 1+1을 좋아한다. 구입할 계획이 없더라도 1+1이라고 하면 사게 된다. 편의점에 음료수 1개를 사러 갔다가 2+1행사를 하면 좋아하는 음료수보다 행사 음료수를 산다. 세일을 하거나 1+1행사를 하는 곳은 사람이 북적인다. 할인율과 사람의 수, 물건의 값과 사람의 수는 정비례한다.

2+1행사보다 1+1행사에 사람이 북적인다. 덤을 많이 줄수록 구입하는 사람도 많다. 만약 1+1행사가 아니라 1+9행사를 한다면 물건이 나에게 필요한지를 따지기 전에 사고 볼 일이다. 값에 따라 천 원짜리 1+1과 백만 원짜리 1+1은 다르다. 물건값이 비싸면 덤으로 받는 이익도 커진다. 집안 살림에 필요한 백만 원짜리 물건이 1+1행사를 한다면 물건이 다 팔리기 전에 달려가서 구입한다.

습관육아는 1+1도 아니고 1+9이다. 습관 1개를 실천하면 9개의 습관이 덤으로 생긴다. 습관육아는 10개 습관들이 서로 영향을 주고받는 고리로 연결되어 있다. 예를 들면 읽는 습관과 생각습관, 생각습관과 공부습관, 감정습관과 행복습관을, 행복습관과 꿈습관이 서로 영향을 주고받는다. 그래서 10개의 습관선물 중 하나를 선택하면 9개는 덤이다. 나에게 가장 끌림을 주는 습관 선물을 돈 주고 사는 것도 아니고, 선물 보따리를 푸는 정도로 실천하면 된다.

집안 살림은 없어도 살지만, 아이를 기르는 일은 꼭 필요한 일이다. 아이를 기르는데 필요한 습관육아의 가치는 돈으로 환산할 수 없을 만큼 크다.

장사꾼은 괜찮은 물건을 좀 더 싸게 사는 곳에 몰려 가야 하고, 부모는 아이를 좀 더 쉽게 잘 기를 수 있는 곳으로 몰려 가야 한다. 어린이날이 되면 백화점, 마트, 장난감 가게, 놀이동산, 동물원에 사람이 많다. 아이를 위한 선물을 주고 기쁘게 하기 위해서다.

어린이날 선물이 아이의 삶에 얼마나 큰 영향을 주는지를 생각해보자.

우리가 어렸을 때 받은 어린이날 선물을 모두 기억하는가?

어린이날 선물받았던 기쁜 마음이 인생을 살아가는데 힘이 되는가?

방정환 선생님이 어린이날을 만든 의미는 아이가 기뻐할 수 있도록 선물을 주고 놀이동산을 데려가라는 날이 아니다. 미래의 주인공이 될 아이들의 권리를 보장하고 존중하자는 의미에 더 가깝다. 어린이날 선물은 삼촌, 고모 등 가까운 가족들이 하고, 부모라면 단 하루가 아닌 365일 선물이 되는 삶을 보여주어야 한다. 습관육아는 아이에게 365일 주는 선물이고, 1+9의 선물이다. 자식 키우는 습관선물이 엄마 키우는 습관선물이 되니 1+9에 추가로 +1 되는 대박득템이다. 망설이지 말고 두 손을 펴고 받아가자.

책《오늘 내가 살아가는 이유》에서 '하늘은 매일같이 이 아름다운 것들을 주었지만 정작 나는 그 축복을 못 받고 있었다. 선물을 받으려면 두 손을 펼쳐야 하는데 내 손은 뭔가를 꽉 지고 있었으니'라는 글을 읽고 난 후부터 내 손을 가끔 펼쳐 본다. 서른 살에 세계 100대 대학교수가 되고 인생의 정점에 시한부 선고를 받은 그녀가 삶의 끝에 와서 한 말이다.

이 글을 읽은 후부터 손을 자꾸 펼쳐보게 된다. 손안에 욕심을 움켜쥐고 있어서 하늘이 주는 선물을 받지 못하고 있지는 않은지 살핀다. 엄마들의 손을 펴서 공부스트레스, 성공스트레스로 아이를 아프게 하는 욕심을 움켜쥐고 있지는 않은지 살피고 살피자. 습관육아는 대대손손 대물림해야 하는 선물이다.

돈이 많은가? 돈을 불리고 불리고 불려서 많은 돈을 물려준다면 몇 대까지 물려줄 수 있을까? 돈을 물려주는 것은 나쁘지 않지만, 돈만 물려주면 돈의 노예로 살 것이고, 돈과 함께 습관을 물려주면 돈의 주인으로 살면서 세상을 이롭게 하는 사람이 될 것이다. 지식만 물려주면 기계의 노예가 되지만, 지식과 습관을 물려주면 나라를 먹여 살릴 수 있는 창의적이고 인성이 좋은 사람이 될 것이다.

1+9의 습관을 선물로 받아도 풀어서 사용하지 않으면 의미가 없다. 오늘부터 하고자 하는 마음들을 모아서 습관선물을 하나라도 풀어서 사용하

자. 우리 조상들은 백일기도를 하면 소원이 이루어진다고 믿어 자식을 위해서 지극정성으로 백일기도를 했다. 뇌과학자들의 연구에 따르면 뇌가 습관으로 받아들여 몸에 배어 익숙해지는데 100일 정도 걸린다고 한다.

단군신화에 곰이 100일 동안 쑥과 마늘을 먹고 사람이 되었다. 100일만 습관선물을 사용해보자. 습관육아를 실천할 때 쑥과 마늘을 먹는 고통은 필요 없으니 한 번 해보자.

'엄마'라는 이름은 아이가 엄마에게 준 선물이다. 아이가 없었다면 절대할 수 없는 일이 엄마다. 세상에서 가장 아름다운 선물을 준 아이에게 이제는 엄마가 줄 차례다. 언제나 만만한 바다 같은 엄마, 아낌없이 주는 나무 같은 엄마, 습관육아로 스스로를 키워가는 엄마의 모습으로 살아가는 엄마가 되어 주는 것이 아이에게 줄 수 있는 최고의 선물이다. 아이에게 줄 수 있는 세상에서 가장 아름답고 귀한 선물은 '엄마의 습관육아'다.

흙수저로 태어나
습관금수저가 된 엄마의 선물

흙수저? 금수저?

개인의 노력보다는 부모로부터 물려받은 부에 따라 인간의 계급이 나뉜다는 자조적인 표현의 신조어. 이 계급은 금수저와 흙수저로 나뉘는데, 금수저는 금수저를 물고 태어났다는 것으로 좋은 가정환경과 조건을 가지고 태어났다는 뜻이다. 흙수저란 부모의 능력이나 형편이 넉넉지 못해 경제적 도움을 전혀 받지 못하는 사람을 뜻하는 것으로 금수저와 상반된 개념이다.

― 네이버 지식백과, 수저계급론(시사상식사전)

당신은 흙수저인가? 금수저인가?

돌잡이처럼 잡고 싶은 것을 잡을 수 있다면 좋겠지만 흙수저, 금수저는 스스로 선택할 수 없다. 당신의 아이에게 흙수저를 줄 것인가? 금수저를 줄 것인가? 흙은 자산 5천만 원 이하, 금 자산 20억 원 이상이라는 수저 계급표를 본 적이 있다. 이 계급표에 의하면 나는 흙수저다. 좀 더 정확히 말하면 수저 모양을 하고 있지만 잡으면 흩어지는 흙가루수저다.

나는 돈이 없어 가난했지만 마음만은 빈곤하지 않았다. 돈이 없는 가난은 삶을 불편함을 주지만, 마음의 가난은 삶을 불행하게 한다. 돈이 없는 가정에서 태어나 불편한 점은 참 많았다. 1시간을 걷고 30분을 버스를 타고 학교 앞에 도착하면 배가 고프고 땀이 비 오듯이 한다. 학교 앞까지 자가용을 타고 오는 아이가 어찌 부럽지 않을 수 있겠는가. 겨울밤에 집 밖에 있는 화장실을 가면 잠이 홀랑 깨는데 어찌 따뜻한 집안에서 화장실을 사용하는 친구들이 부럽지 않을 수 있겠는가? 흙수저의 불편한 삶을 열거하면 눈물이 바다가 될 수도 있다.

불편했지만 불행하지는 않았다. 수저가 있는 것만으로도 감사하며 살았다. 내 아이 키우기도 벅찬 시대에 부모님 요양까지 하는 것을 불평하는 사람들도 있지만, 지금까지도 흙수저의 부모님이 살아계셔 주셔서 감사하다. 흙수저로 불편했지만 불행하지 않았던 것은 엄마의 '본질적인 사랑' 덕분이다. 한없이 자식에게 주기만 하는 베푸는 엄마의 사랑을 받고 자랐다. 엄마는 마르지 않는 사랑샘을 마음에 품고 사신다. 이제는 엄마의 사랑샘이 마를 때도 됐는데 아직도 자식 사랑을 베푸신다. 스스로 몸을 가누기도 힘들어 자식의 사랑을 받아야 하는 지금도 주려고만 하신다.

엄마는 단 한 번도 자식에게 '옷 사달라, 선물을 달라'는 말을 하시지 않았다. 옷 사드린다고 하면 '옷 많다. 니 옷 사 입어라' 말씀하신다. 건강을 물으면 '늙어서 아픈 건 당연하다. 젊은 너희들 건강 챙겨라'라고 말씀하신다. 간혹 용돈을 들이면 차곡차곡 모으셨다가 손자, 손녀들 입학하고 졸업할 때 다시 돌려주신다.

이번 엄마의 생일에는 깜빡 잊어 버렸다. 엄마에게 어찌나 죄송한 마음이 들던지 '죄송하다'고 하는 딸에게 서운한 내색 한마디 없이 '젊을 때는 바쁘게 살아야 한다며 잘 살고 있으니 괜찮다'라고 말씀하신다. '집에 필요한 거 없냐'는 딸에게 '괜찮다. 너희들 행복하게 살면 엄마는 아무것도 바라는 게 없다'고 하신다. 물질적으로는 흙수저였지만 엄마의 넘치는 베푸는 사랑은 금수저다. 물질적 가난은 불편일 뿐이고, 마음의 가난은 불행하다.

물질적 금수저가 부럽지도 않고, 아이에게 물려주고자 하는 마음도 없다. 금수저를 넘어 다이아몬드수저 사람들을 신문기사에서 종종 만난다. 현실에서도 금수저를 종종 만난다. 사회에 해를 끼치는 금수저의 삶은 한 개도 안 부럽다.

"돈도 실력이야 능력 없으면 니네 부모를 원망해라"라는 말을 한 금수저가 부러운가? 나는 오히려 그녀가 불쌍하다는 마음이 든다. 내 아이 흙수저, 금수저 타령하는 불쌍한 아이로 키우고 싶은 마음은 모래알만큼도 없다. 나는 오히려 흙수저의 삶이 감사하다.

철이 없을 때는 가난함의 불편함이 창피하기도 하고 부모를 원망하기도 했지만, 흙수저로 살았기에 어려운 사람의 마음과 처지를 이해할 수 있는 사람이 되었다. 부모가 이루어서 준 것이 없었기에 노력으로 하나씩 이루어가는 기쁨도 맛보며 살게 되었다. 불편함이 일상이었기에 인생에 불편함도 가볍게 넘기는 마음이 생겼다. 원래부터 잘살았던 금수저가 더 잘사는 것을 성공이라고 하지 않는다. 흙수저였기에 성공하는 삶도 맛보며 살게 되었다.

가난으로 없이 살던 어린 나에게 친척 어른들이 주시는 용돈과 마음을 받는 기쁨을 잊지 못하기에 주는 맛을 아는 진짜 엄마가 되었다. 무늬만 엄마는 받으려고 만하고, 진짜 엄마는 주려고 한다. 아이는 받는 습성을 가지고 있고, 어른은 주는 습성을 가져야 한다. 어른의 모양을 하고 아이처럼 받는 습성을 가진 사람은 무늬만 어른이다.

- 아이가 엄마의 마음을 알아주고 잘 커주기를 바라기만 하는 무늬만 엄마, 아이 마음을 알아주고 스스로 잘 크고 있는 진짜 엄마
- 아이가 공부 잘하기를 바라기만 하는 무늬만 엄마, 아이가 공부 잘할 수 있도록 엄마가 공부하는 모습을 보여주는 진짜엄마
- 아이가 좋은 습관 갖는 것을 바라기만 하는 무늬만 엄마, 아이가 좋은 습관으로 살 수 있도록 습관육아를 직접 실천하는 모습을 보여주는 진짜 엄마

바라기만 하는 무늬만 엄마 사표를 쓰고, 주려고 하는 진짜 엄마가 되자. 엄마는 아이에게 좋은 것만 주고 싶다. 세상에서 가장 소중한 내 아이에

게 습관금수저를 주고 싶다. 생각을 키워주는 읽는 습관, 성공의 씨를 뿌리는 말습관, 나를 사랑하고 남을 사랑하는 사랑습관, 가치를 판단하고 창조하는 생각습관, 꿈 안의 꿈 보물찾기로 희망찬 꿈습관, 매일이 감사한 행복습관, 거센 파도에도 그저 바라볼 수 있는 감정습관, 치유하고 나누는 삶을 실천하는 쓰는 습관, 사람답게 살게 하는 인성습관, 베푸는 어른으로 살게 하는 공부습관.

나는 이제 겨우 인생의 반을 살았다. 앞으로 남은 40년을 습관금수저의 가치를 증명하며 살아갈 것이다. 습관금수저의 가치는 숫자로 표현이 안 된다. 숫자에 불과한 돈으로도 환산할 수 없다. 나만 습관금수저를 가지고 싶은 아이의 마음이 아니라, 습관금수저를 어느 누구에게나 나누고 베푸는 어른으로 살아갈 것이다. 흙수저로 태어나서 행복하고 감사하다. 습관금수저 엄마라서 아이에게 떳떳한 엄마다.

04
물고기 잡는 방법
그만 좀 가르치자

우리나라에는 두 부류의 엄마들이 있다.

물고기를 잡아주는 엄마들과 물고기를 잡는 방법을 가르치는 엄마들.

물고기를 잡아주면 어떻게 될까? 스스로 물고기를 잡고자 하는 마음도 없고 물고기를 잡는 방법도 모른다. 의존적인 사람이 된다. 물고기를 잡아주는 것은 아이를 사육하는 것과 같다.

물고기를 잡는 방법을 가르치면 어떻게 될까? 물고기 종류가 너무 많아 평생 방법만 배우다가 죽는다. 매뉴얼이 없으면 못 잡는다. 물고기 잡는 방법만 배웠기에 물고기를 어떻게 활용해야 할지 모른다.

'물고기를 잡아주지 말고 잡는 방법을 가르치라'는 좋은 뜻을 담은 다른 나라의 속담이 유행처럼 우리나라에 들어와 방법 열풍이 불었다. 인성교육법이 생기니 인성방법을 가르치는 곳, 자소서 잘 쓰는 방법을 가르치는 곳, 면접을 잘 보는 방법을 가르치는 곳 등 어마무시하게 방법을 가르치는 곳이 생긴다. 우리나라에서만 가능한 일인 듯하다.

우리가 교육하는 궁극적인 목표는 홍익인간의 이념으로 널리 사람을 이롭게 하는 독립된 인격체로 살게 하기 위함이다. 교육에서 독립된 인격체의 주인은 아이다. 우리나라 교육에는 좋은 방법만 있지 아이가 없다.

교육의 방향이 바뀐다고 한다. 학교 수업에서 주제통합형 토론수업을 강화하고 내신평가와 대학수학능력 시험도 바뀔 예정이라고 한다. 일부 지역에서는 객관식 시험 문제를 없애고 문제해결력과 생각하는 힘을 키우도록 시험이 논술, 서술형으로 바뀐다. 교육정책의 방향은 좋다. 하지만 가르치는 어른들이 얼마나 준비되어 있는지, 바뀌는 교육방향을 쫓아가기 위해 방법을 가르치는 곳을 아이들이 또 다녀야 하지 않을까 걱정이 된다. 아이를 위한 교육에 아이는 없고 좋은 방법만 있다.

물고기를 잡아주는 것과 잡는 방법을 가르치는 것도 아이를 무시하는 행동이다. 아이들에게도 생각이 있고 마음이 있다. 물고기를 잡고 싶은지 안 잡고 싶은지, 어떤 물고기를 잡고 싶은지, 어떻게 잡고 싶은지는 아이의 권리다. 아이의 권리를 무시하고 방법을 가르치는 것은 어른들의 결정일 뿐이다.

좋은 방법을 자꾸 만들어 내기 전에 아이에게 스스로 하고 싶은 마음이 들게 하는 교육환경을 만들어주는 것이 먼저다. '목마른 사람이 우물을 판다'는 우리나라 속담을 유행시키자. 물고기를 잡고 싶은 목마른 간절한 마음이 있으면 물고기는 아이가 알아서 잡는다.

물고기를 잡고 싶은 마음을 들게 하는 것은 엄마의 몫이고, 잡는 방법은 아이의 몫이다. 교육에 아이가 주인이 되기 위해 필요한 것은 습관육아에서 강조한 '스스로'와 '하고 싶은 마음'이다. 물고기 잡는 방법은 '행동습관, 지식육아'이고, 물고기를 잡고 싶어 하는 마음은 '마음습관, 습관육아'다.

아이가 7살 때 놀이터에서 친구들이 인라인스케이트를 타는 모습을 보고 '타보고 싶다'고 했다. 인라인스케이트를 처음 배우는 아이는 그저 빨리 타고 싶은 마음뿐인데, 아빠는 타는 방법을 설명한다. 아이가 타기 시작했다. 이리 쿵, 저리 쿵 하면서도 재미있는데 아빠는 또 방법을 설명한다. 허리를 숙이고, 발은 A자 모양을 하고 등의 방법은 모두가 옳다. 결국 아이는 아빠의 방법 설명에 인라인스케이트를 안 탄다고 벗었다. 타고 싶었던 마음까지 벗었다.

그해 겨울방학 때에 엄마랑 아이스링크에 스케이트를 타러 갈 기회가 생겼다. 아이는 스스로 타겠다고 선언했다. 나는 의자에 앉아 책을 읽으면서 지켜만 보고 있었다. 1시간 가까이 넘어졌다 일어섰다를 반복하다 스스로 벽을 잡지 않고 걸음마를 하기 시작했다. 2시간 정도 타고서 엉거주춤 제법 걸음마가 익숙해졌다. 같이 간 사람들이 재주가 보인다며 스케이트 강습을 받아 보라고 권유했다. 나는 스케이트를 잘 타게 하는 방법을 익히느라, 스스로 하고 싶은 마음을 잃게 하고 싶지는 않았다. 지금은 인라인스케이트도 혼자서 탈 수 있다.

나는 생각을 바꿔보기를 좋아한다. 역지사지해 보자. 당신이 너무 가지고 싶은 가전제품을 시어머니가 사주셨다. 사용방법을 직접 오셔서 여러 번 가르쳐 주시고 방법대로 사용하고 있는지 점검하고 평가한다면 가전제품을 버리고 싶을 지도 모른다. 가전제품만 주셔도 스스로 방법을 찾고 잘 다루려고 노력하며 즐겁고 감사하게 사용하게 된다.

우리에게 마음이 있는 것처럼 아이들에게도 마음이 있음을 잊지 말자. 어른들은 방법 가르치기에 길들여져 있고, 아이들은 방법을 배우기에 길들여져 있다. 목마른 사람이 우물을 파게 하는 마음을 일게 하는 몇 가지를 소개한다.

첫째, 맛보게 하자.
둘째, 결핍의 경험을 주자.
셋째, 바다를 보여주자.
넷째, 도덕성을 심어주자.

첫째, 맛보게 하자.
어린아이에게서 맛있게 먹고 있는 사탕을 뺏으면 엉엉 운다. 달콤한 사탕을 맛보고 있는데 빼앗긴 아이의 마음을 생각해보면 맛보게 하는 일이 얼마나 중요한지를 알게 된다. 새콤달콤한 사탕을 맛본 아이는 사탕을 머릿속에 그리며 사탕맛을 떠올릴 수도 있고 또 먹고 싶어 할 것이다. 맛을 보게 하면 하고 싶은 마음이 생긴다. 말을 냇가로 끌고 갈 수는 있어도 물을 먹게 할 수는 없다. 하지만 물맛을 보게 하면 스스로 찾아가 먹는다. 맛보게 하면 '스스로'가 저절로 생긴다.

둘째, 결핍의 경험을 주자.

엄마들의 양육방식을 보면 어렸을 때 본인에게 결핍되었던 것을 아이에게 물려주려고 하지 않는다. 예를 들면 나의 입학식, 졸업식 날 가족과 함께 짜장면을 먹지 못한 결핍이 아이의 입학, 졸업식에는 꼭 짜장면을 사주게 한다.

결핍은 하고 싶은 마음을 간절히 일게 한다. 원하는 물건이 쉽게 손에 얻어지면 간절히 가지고 싶은 마음은 사라지고, 원하던 물건을 원하고 원하는데 못 가지면 가지고 싶은 마음이 간절해진다. 배움도 물질도 풍족함보다는 적당히 결핍으로 키우자. 물질적 결핍은 하고 싶은 간절한 마음을 일게 하지만, 정서적 결핍은 마음을 아프게 한다. 정서적 결핍은 절대 안 된다.

셋째, 바다를 보여주자.

물고기 잡는 방법을 가르치면 물고기밖에 못 잡지만, 바다를 보여주면 배, 해적, 등대, 어부, 해경, 바다 예술가 등 아이가 보고 느끼며 잡고 싶은 것을 잡게 된다. 방법보다는 환경을 만들어주자. 세상을 책으로만 보는 아이와 세상을 직접 보는 아이는 세상을 품는 정도가 다르다.

초등 1학년 생일선물로 첫 외국여행을 갔다. 무엇을 배우게 하려는 목적으로 간 여행이 아니라 바다를 보여주는 환경을 만들어 주고자 하는 마음으로 계획한 여행이다.

8살이 되었으니 세상 경험을 시작해도 될 나이라 생각하고 사교육비를 모아서 대신 세상공부 교육비로 썼다.

아이에게 안전하고 피곤하지 않는 적당거리라고 판단되는 일본여행을 자유여행으로 다녀왔다. 아이가 여행에서 잡아온 것은 여행하는 방법이 아니라 일본은 '친절하다, 깨끗하다, 안전하다, 어린아이들이 조금밖에 없다, 지혜롭다'였다.(아이가 여행일기에 쓴 기록을 보고 옮겨 적은 것이다.)

그 외에도 로봇이 운영하는 호텔에서 숙박을 하고 온 아이는 미래에 로봇에게 일자리를 빼앗기지 않으려면 생각하는 힘을 키워야겠다고 스스로 말한다. 또 외국여행을 가고 싶어 한다. 여행에는 돈이 필요하다는 것을 알고, 돈을 아껴 써야 한다는 마음으로 엄마가 밥값을 내는 것도 관리한다. 방법을 가르치기보다 바다를 보여주어 스스로 하고 싶은 마음이 들도록 환경을 만들어주자.

넷째, 도덕성을 심어주자.

스스로 하고 싶은 마음을 일게 하는 것이 도덕적인 일에서 벗어나면 안 된다. 도덕적인 범위 안에서만 할 수 있도록 울타리를 만들어 주는 것이 가장 중요한 엄마의 역할이다. 자신과 타인에게 해가 되는 일이라면 아이가 간절히 원해도 하게 해서는 안 된다. 엄마의 도덕적 기준이 반드시 있어야 한다.

조절력이 약한 아이에게 스마트폰을 사주어 게임을 하고 싶은 환경을 만들어주고, 게임중독을 막는 방법을 찾아다니는 엄마가 되어서는 안 된다. 아이들에게 방법만 가르치려 하지 말고 스스로 하고 싶은 마음을 일게 해서 방법을 찾고 새로운 방법도 만들 수 있는 아이로 자라는 환경을 만들어 주자. 습관육아는 엄마가 주는 좋은 환경이다.

Epilogue

아무것도 하지 않으면
아무 일도 일어나지 않는다

토끼와 거북이 이야기에서 거북이가 토끼를 이긴 이유는 무엇일까?

거북이는 토끼를 이길 수 있다는 마음으로 경주를 시작했을까? 현실에서는 토끼와 거북이의 경주는 말도 안 되는 시합이다. 나와 이봉주가 마라톤 시합을 하는 것과 다를 바가 없다. 내가 이봉주를 이긴다는 것은 상상도 할 수 없는 일이지만, 내가 이겼다면 그 이유는 능력의 차이가 아니라 '시도의 문제'다. 거북이가 경주를 하기 전에 나는 질 것이 뻔하기 때문에 하지 않기를 선택했다면 토끼와 거북이 이야기는 탄생하지 못했다. 거북이가 이긴 이유는 '시도'다. 아무것도 하지 않으면 아무 일도 일어나지 않는다.

거북이는 불가능할 것 같은 토기와의 경주를 시작했다. 그리고 이겼다. 성공은 능력 있는 사람이 하는 것이 아니라 시도하는 사람의 몫이다. 금수저로 준비된 성공을 하면 좋겠지만, 준비된 성공을 성공이라고 말하지 않는다. 진정한 성공은 준비가 없는 처지에서 얼마나 많은 실패를 딛고 일어났느냐다.

엄마들은 시도하는 일을 두려워한다. 양육상담, 강의, 이웃 엄마들을 만나서 양육기술을 이야기하면 고개를 끄덕이고 '아~' 하는 알아차림의 소리를 내다가도 실천의 문제에 부딪히면 안 되는 이유를 먼저 찾는다. 엄마들의 안 되는 이유를 들어주고 '그럴 때 이렇게 해보라'는 가능성을 제안하면 또 안 되는 다른 이유를 찾는다. 엄마들은 "나는 원래 그런 성격이라서 안 된다, 남편이 도와주지 않는다,

아이의 성향이 원래 그렇다" 등 안 되는 이유를 말한다. 결론은 안 하겠다는 소리다. 안 되는 이유를 먼저 찾으면 되는 일은 하나도 없다.

엄마들이 제일 많이 하는 말은 "내가 할 수 있을까요? 우리 아이가 할 수 있을까요?"이다. 나는 그때마다 토끼와 거북이 이야기에서 거북이가 토끼를 이긴 이유는 '시도'라고 이야기한다. 엄마들이 거북이보다 더 달리기를 잘한다. 시도하지 않을 뿐이다. 가정으로 돌아가 일단 한번 해보라고 응원한다. 다음 주에 만나 시도한 이야기를 들으면 "해보니까 되더라고요" 하는 엄마들도 있지만 "잘 안 되더라고요" 하는 엄마들도 많다.

안 되는 엄마들의 이야기를 들어보면 공통적인 2가지 이유가 있다. 엄마 자신을 바꾸려고 하지 않고 남편이나 아이들을 먼저 바꾸려고 했다는 것과, 한두 번 해보고 안 된다고 포기했다는 것이다. 아이에게 최고의 선물을 줄 수 있는 엄마의 조건은 딱 2가지다.

1. 먼저 엄마 자신을 바꾸려 노력할 것.
2. 시도할 것.

이 2가지 조건을 할 수 없는 엄마들은 세상에 없다고 단언한다. 습관선물은 어느 누구에게나 준비되어 있다. 엄마들의 선택의 문제다. 습관육아를 선택하는 순간부터 습관금수저가 된다.

　나는 부모교육, 교사교육 강사다. 처음부터 강사의 재능을 타고났다면 좋으련만 재능보다 사람들 앞에 서는 두려움만 가졌던 사람이다. 대학원 입학 면접시험 때 교수님께서 질문하셨다.

　"유아교육을 하면서 아이들에게 가장 필요하다고 생각하는 교육이 무엇일까요?"

　"아이들에게 가장 필요한 교육은 질 좋은 교재, 교구도 아니고 특별한 교육 프로그램도 아닙니다. 부모교육, 교사교육입니다. 아이들은 교재, 교구로 자라지 않습니다. 부모의 뒷모습을 보고 자랍니다. 교사는 유치원에서 부모입니다. 그러므로 부모교육, 교사교육이 가장 필요합니다."

　"옳은 이야기이지만 그러면 부모교육, 교사교육은 누가 합니까?"

　"제가 할 겁니다."

　"혼자 힘으로 가능하다고 생각하나요?"

　"안 된다고 생각하고 시도하지 않으면 아무 일도 일어나지 않습니다. 제가 나비가 되어 해보고 싶습니다."

　"꼭 그렇게 하시길 바랍니다."

　교수님의 질문은 예상 질문이 아니었기에 즉흥적인 대답이었다. 면접을 보고 난 후 한참 동안 가슴이 북을 치듯 요란했다. 나는 순간 '미친 거 아니야. 교수님이 대학원 공부하는 내내 나한테 부모교육 잘하고 있냐고 질문을 하실 지도 모르는데 어쩜 좋아!'라는 걱정으로 마음을 조리며 대학원을 다녔다.

생각 없이 뿌린 말의 씨앗이 부모교육, 교사교육을 해야겠다는 생각을 이끌고 생각들이 뭉치고 뭉쳐 행동을 이끌어 강사가 되었다. 나는 아직도 마이크를 잡기 전까지, 부모와 교사들을 만나 인사를 하기까지 온몸이 사시나무 떨듯 하지만 강의를 마치고 나면 이 일은 나의 천직이라는 행복감이 온몸으로 퍼지는 그 느낌을 즐긴다. 시도하지 않았다면 지금의 나는 없다.

시도가 없었다면 다람쥐가 되어 쳇바퀴를 열심히 돌리면서 매일 가슴 안에 사표를 넣고 출근하기 싫은 마음으로 살고 있을 지도 모른다. 유치원 교사로서 최고의 자리 원감, 한 달에 몇 백만 원씩 꼬박꼬박 들어오는 월급, 잘나가는 직장을 나이 마흔에 때려치우기란 쉽지 않은 결정이었다.

손에 움켜쥔 것을 내려놓고 빈손을 펼치니 하늘이 주시는 엄마, 강사, 작가의 선물을 받을 수 있었다. 지금은 꿈만 같다. 행복, 감사, 열정, 꿈, 나눔을 매일 경험하면서 사는 나는 축복받은 사람이다. 이 모든 것은 재능도 아니고 운도 아니고 금수저도 아니다. 그저 '아무것도 하지 않으면 아무 일도 일어나지 않는다'는 말을 좋아하고 시도한 결과다.

이 글을 읽은 엄마들도 도덕적이지 않는 일만 제외하고 아무 일이라도 시도해 보기를 바란다. 흙수저로 태어난 내가, 재능이 없었던 내가, 건강이 허락하지 않은 내가 했다면 세상의 누구나 할 수 있는 일이다. 사람들은 특별한 삶을 살기를 바란다. 나도 그랬다. 그런데 처음부터 특별한 일은 없다. 아무 일도 아닌 일을 계속하다 보면 특별한 일이 된다. 이 말은 작은 습관이 삶을 바꾼다는 말과 같다.

새벽형 인간이 되기를 결심하고 새벽에 일어났을 때는 아무도 관심을 두지 않았다. 아무 일도 아니었던 하루가 이틀이 되고 몇 달이 된 다음부터는 특별한 일이 되었다. 나의 새벽습관을 아는 사람들은 엄지척을 해준다. 아이는 사람들에게 자랑스럽게 새벽에 일어나는 부지런한 엄마를 소개한다.

글을 처음 쓸 때는 아무 일도 아니었다. 그냥 글을 쓰는구나였다. 매일매일 글을 쓰고 글이 책이 되니 작가라는 특별한 일이 되었고, 특별한 사람 대접을 받는다. 습관육아에 소개한 습관도 아무것도 아니다. 아무것도 아닌 일을 선택하여 계속하는 누군가에게만 특별한 선물이 된다.

인생에서 가장 잘 한일은 무엇인가? 내 아이를 낳고 엄마가 된 것이다.

세상에서 가장 존경하는 분은 누구인가? 평생을 무식하게 땅만 파신 나를 낳아주고 길러주신 엄마, 아빠다.

가장 행복한 때는 언제인가? 지금이다.

가장 큰 재산은 무엇인가? 좋은 습관이다.(사람들은 건강이 최고의 재산이라고 하지만, 건강이 부족해도 습관의 행복으로 사는 나는 건강보다 습관이 더 큰 재산이라고 생각한다.)

　가장 감사한 일은 무엇인가? 나의 삶에 존재하는 모든 것이다.

　이렇게 특별한 삶, 행복한 삶, 가치 있는 삶, 만족하는 삶의 선물은 부모에게 물려받은 돈도 아니고 타고난 운도 아니다. 부모님이 물려주신 성실습관이었고, 성실히 엄마 노릇을 하고 싶은 마음이었다.

　나의 동지인 세상의 엄마들아! 아무것도 하지 않으면 아무 일도 일어나지 않는다. 아무 일도 아닌 습관육아를 선택해서 특별한 일을 하는 엄마가 되어 보자. 세상의 모든 엄마들이 좋은 부모 되기 덕목이 돈이 아니라 습관육아라고 말하는 그날까지 매일 나의 노력은 진행된다. 나는 특별한 맛을 아니까!

- 내 아이에게 가장 멋진 엄마 **김지영**

습관육아

초판 1쇄 | 2017년 5월 31일

지은이 | 김지영
펴낸이 | 이금석
기획 · 편집 | 박수진
디자인 | 김국희
마케팅 | 곽순식
물류지원 | 현란
펴낸곳 | 도서출판 무한
등록일 | 1993년 4월 2일
등록번호 | 제3-468호
주소 | 서울 마포구 서교동 469-19
전화 | 02)322-6144
팩스 | 02)325-6143
홈페이지 | www.muhan-book.co.kr
e-mail | muhanbook7@naver.com

가격 14,000원
ISBN 978-89-5601-352-7 (03590)